AF462321

LE LIN

ET SA CULTURE

PAR

BENJAMIN VERET

Membre correspondant de la Société d'agriculture de Saint-Omer,
des Académies d'Arras, de Beauvais, d'Amiens, etc.

BIBLIOTHÈQUE IMPÉR.

« L'Agriculture est le premier instrument du travail national ; c'est elle qui crée les matières premières que l'industrie met en œuvre et que le commerce répand dans toutes les parties du monde. »

Si, par des faits irrécusables et faciles à vérifier, nous réussissons à convaincre les cultivateurs que la culture du Lin peut être introduite avec succès et profit dans leurs exploitations, nous goûterons la satisfaction qui naît toujours d'une œuvre utile.

MÉMOIRE COURONNÉ PAR LA SOCIÉTÉ INDUSTRIELLE D'AMIENS.

Paris

IMPRIMERIE ET LIBRAIRIE D'AGRICULTURE ET D'HORTICULTURE

DE Mme Ve BOUCHARD-HUZARD

rue de l'Éperon, 5.

—

1866

A

M. J. Cornuau,

Conseiller d'Etat, préfet de la Somme.
Commandeur de l'ordre impérial de la Légion d'honneur.

Son reconnaissant serviteur

Bin Veret.

SOCIÉTÉ INDUSTRIELLE D'AMIENS.

SÉANCE PUBLIQUE DU 31 JUILLET 1865.

EXTRAIT DU RAPPORT LU PAR M. CORNU, SECRÉTAIRE GÉNÉRAL.

. . . .

« Le second mémoire avait pris pour exergue :

« *L'agriculture est le premier instrument du travail national; c'est elle qui crée les matières premières que l'industrie met en œuvre et que le commerce répand dans toutes les parties du monde.* »

« L'auteur est une personne expérimentée et parfaitement au courant de la question; il a bien compris et bien traité le sujet. L'étude comparative des systèmes de culture des divers centres liniers, l'examen des procédés de semailles, de sarclage, de récolte sont bien examinés et d'une exactitude suffisante.

« En résumé, on peut dire que le mémoire répond au programme de la Société industrielle.

« La commission propose donc 1° d'accorder à l'auteur la médaille d'or, 2° l'insertion de son mémoire dans le *Bulletin* de la Société. »

INSTRUCTION

SUR

LA CULTURE DU LIN.

CHAPITRE PREMIER.

Avantages que présente la culture du Lin.

I.

De toutes les plantes textiles, il n'en est point dont les produits intéressent plus vivement l'agriculture et l'industrie manufacturière que le *Lin usuel*.

L'écorce de sa tige fournit une filasse qui sert à fabriquer des toiles et des dentelles. Sa graine, employée en médecine, contient une huile dont les usages industriels sont fort importants ; elle renferme, en outre, un sixième de son poids de mucilage. La farine de graine de Lin est quelque peu nutritive ; elle a été utilisée dans les grandes famines.

Le Lin est originaire de la haute Asie ; on le trouve dans les montagnes de l'Arménie et de la Perse. Il croît naturellement dans toutes les parties tempérées du globe. La Sibérie en produit une espèce vivace, mais qui ne donne qu'une filasse rude, grossière, plus propre à faire des cordages qu'à être transformée en tissus.

Il existe plusieurs espèces de Lin; il y en a à fleurs roses, à fleurs bleues, à fleurs blanches ; on en connaît de vivaces qui servent à l'ornement des jardins; mais, de toutes les espèces décrites par les botanistes, une seule est cultivée comme plante textile, c'est celle qu'ils appellent *Linum usitatissimum, Lin usuel*. Cette espèce a deux variétés : le *Lin d'hiver* et le *Lin d'été*.

Le Lin d'été a lui-même trois sous-variétés : 1° le *Lin commun ;* 2° le *Lin de Riga ;* 3° le *Lin à fleurs blanches*.

Le Lin bisannuel ou d'hiver se sème comme le Blé à la fin de l'automne et se récolte dans le cours de l'été suivant; il est assez fréquemment employé par l'agriculture de l'ouest de la France et pourrait être utilement cultivé dans les départements situés au delà de la Loire. Comme plante textile, il n'a pas la valeur du Lin d'été. Comme plante oléagineuse, il l'emporte, au contraire, sur lui. Ses graines sont plus abondantes, plus grosses; elle contiennent, en moyenne, 39 pour 100 d'huile, tandis que les graines du Lin d'été n'en renferment que 33. La filasse du Lin d'hiver est rude et ne peut donner que de grosses toiles. Nous ne nous occuperons donc ici que du *Lin annuel* ou d'*été*, dont les produits sont véritablement supérieurs à ceux de l'autre au point de vue agricole et industriel.

Parmi les variétés du Lin d'été, le Lin commun ramifie le plus, mais il ne s'élève qu'à 0m,70 au-dessus de terre; sa filasse est de qualité moyenne. Le Lin de Riga ramifie peu ; il dépasse, dans certains sols et dans les bonnes années, 1 mètre de hauteur, et il donne la filasse la plus fine et la plus soyeuse. Le Lin à fleurs blanches est moins sensible aux froids et aux sécheresses du printemps que le Lin de Riga; sa filasse a beaucoup de ténacité, et il donne un fil très-résistant et des toiles solides. Mais sa tige n'atteint guère au delà de 0m,65 à moins de circonstances atmosphériques tout à fait favorables ; sa semence fournit plus de graine que les espèces précédentes. La graine de Lin à fleurs blanches a un reflet verdâtre, et elle est plus grosse que celle du Lin de Riga.

Le Lin à fleurs blanches est surtout cultivé dans les arrondissements de Béthune, Saint-Omer, Hazebrouck; les agriculteurs de ces pays renouvellent leurs semences de loin en loin par des achats faits en Belgique. Les cultivateurs picards se trouveraient sans doute bien de l'introduction de cette espèce; nous leur conseillons de répéter l'essai heureux qu'en a fait, cette année (1864), un de nos amis.

Le Lin à fleurs blanches dégénère assez rapidement parce que, en butinant, les abeilles transportent le pollen recueilli sur le Lin à fleurs bleues et opèrent ainsi un véritable croisement d'espèce.

II.

Le Lin est une des plantes les plus anciennement cultivées, et dont les propriétés textiles ont été reconnues, dans les premiers siècles de l'existence des peuples, car les momies que gardent les pyramides d'Égypte depuis qaurante siècles sont enveloppées de toiles de Lin exactement semblables à celles que l'on tisse aujourd'hui.

Le Lin, dit-on, fut apporté à Rome pendant la période impériale. Avant ce temps, les Romains ne connaissaient ni le linge de corps, ni le linge de table; ils étaient à peu près réduits au seul usage des étoffes de laine.

La culture de cette précieuse plante textile dut prendre de l'extension en Occident lorsque les besoins d'une civilisation plus raffinée firent adopter les vêtements de fil. S'il faut en croire une tradition populaire de la Flandre, la culture et la préparation du Lin seraient dix fois séculaires dans cette contrée; et elles auraient été introduites au XIIIe siècle en Bretagne par des ouvriers flamands qu'attira près d'elle Béatrix de Gaule.

Néanmoins les progrès de cette industrie furent très-lents au moyen âge, car l'on sait qu'Isabeau de Bavière, reine de France, qui passait pour la plus riche princesse de son temps, montrait avec complaisance les deux seules chemises de toile qu'elle possédait.

Quoique le Lin se soit acclimaté comme l'homme dans presque toutes les latitudes, il est moins cultivé qu'autrefois parce que l'industrie moderne a substitué le coton aux plantes textiles du vieux monde dans la plupart des usages économiques. En effet, depuis le commencement de ce siècle, sa culture s'est restreinte à l'Italie, la Hollande, la Belgique, une partie de l'Allemagne, les côtes de la mer Baltique, l'Irlande. En France, les départements du Nord, du Pas-de-Calais, de la Somme, de l'Aisne, des Côtes-du-Nord cultivaient naguère presque seuls le Lin pour les besoins de l'industrie.

III.

La culture du Lin était très-florissante en France au XVIIe siècle. Sous le ministère de Colbert, nous fournissions des toiles à l'Espagne et à ses colonies de l'Amérique du Sud, tandis que l'Angleterre et la Hollande nous en achetaient pour leur consommation particulière et pour l'équipement de leur marine. Mais, depuis le XVIIe siècle, la culture du Lin s'est introduite chez d'autres peuples plus avancés que nous en agriculture et qui nous dépassèrent si rapidement que, bien avant 1789, la production du Lin avait énormément perdu de son importance. Aussi nos récoltes en Lin sont-elles restées au-dessous des besoins du commerce qui, jusque dans ces dernières années, recevait annuellement de l'étranger 25 millions de kilogrammes de Lin.

Les Lins de Belgique et de Hollande sont encore plus renommés que les nôtres. Les fils et les toiles qui en proviennent offrent, en général, plus de perfection et plus de solidité. Cette infériorité de notre production doit exciter notre émulation.

La rareté du Coton produite par la guerre entre les deux Amériques a eu une réaction favorable sur notre agriculture en forçant l'industrie et le commerce à se rejeter sur la laine, le Lin et le Chanvre. Le prix de la laine est revenu à des cours plus rémunérateurs pour nos éleveurs. La culture du Lin a pris de l'extension. Ces faits sont constatés dans l'exposé général de la situation de l'empire pour 1863 :

« L'industrie du Lin, y est-il dit, a vu augmenter encore, par une conséquence inévitable de la pénurie du Coton, le prix de la matière première qu'elle met en œuvre. Mais, malgré ce renchérissement qui pourrait causer quelque hésitation chez nos fabricants, le travail est généralement actif et en voie de progrès. On peut espérer, d'ailleurs, que le prix élevé de la matière première s'abaissera sous l'influence d'une récolte plus abondante, une plus grande quantité de terre ayant été affectée à la culture du Lin pendant la dernière campagne. »

IV.

Le Lin, qui donne au cultivateur intelligent des produits si complétement rémunérateurs, n'est encore cultivé que dans la minorité des fermes et des cantons de la Picardie. Il peut réussir cependant sur presque tous les sols arables de la Somme, ainsi que le démontrent les bons résultats obtenus sur les points les plus opposés de notre département. Les bénéfices de cette culture consistent dans la valeur de la graine qui sert à fabriquer de l'huile et dans celle des tiges destinées à faire de la filasse.

Depuis plus de quinze ans surtout, la culture du Lin a fait la fortune d'un grand nombre de fermiers de la Somme, en leur procurant, en moyenne, un bénéfice net de 250 à 350 fr. par hectare. Encore, pour la détermination de ces chiffres, avons-nous exagéré les frais de culture afin de rester dans les limites d'une juste appréciation.

Dans l'arrondissement de Doullens, en 1862 et en 1863, le Lin a produit à l'hectare, en moyenne, 7 hectolitres de graine au prix commun de 25 fr. La plante sur pied s'est vendue au plus bas 536 fr.; elle a atteint dans quelques exploitations 1,185 fr. : les liniers en ont retiré, en moyenne, toujours, 700 kilogr. de filasse se vendant 1 fr. 25 c.

Nos cultivateurs s'exagèrent les difficultés de la culture du Lin. Les uns craignent de ne point réussir parce que leur sol ne leur paraît pas convenable à cette production, les autres parce qu'ils se défient de leur inexpérience. Un exemple entre mille prouvera à tous qu'ils ne doivent point se décourager par des obstacles imaginaires. M. Triboulet, l'un des meilleurs agriculteurs de l'arrondissement de Montdidier, était depuis longtemps désireux d'essayer chez lui, à Assainvillers, la culture du Lin. L'an dernier, dans une visite qu'il fit à M. Hallot, du Rosel, cultivateur distingué du canton de Domart-lès-Ponthieu, M. Triboulet prit tous les renseignements propres à l'éclairer sur la culture du Lin et emporta la quantité suffisante de semence pour 5 hectares. De retour chez lui, il suivit à la lettre les conseils qu'il avait reçus de son ami. Trois pièces de terre, formant ensemble 5 hectares, furent donc préparées et ensemencées selon la méthode usitée au Rosel. Le Lin vint à bien, et, quoique de qualité inégale dans les trois pièces, il fut vendu sur pied 700 fr. l'hectare; on l'eût vendu 400 fr. de plus à l'hectare si M. Triboulet se fût trouvé plus rapproché des centres ordinaires de l'industrie linière. Cette expérience décisive a levé tous les doutes de cet agriculteur; aussi a-t-il disposé, cette année (1864), 25 hectares de terre pour recevoir la semence de Lin.

La richesse naturelle du sol, bien que devant entrer pour beaucoup dans les considérations du cultivateur et peser d'un grand poids sur sa détermination, n'est cependant pas la condition unique de cette culture; des terrains même très-médiocres entre des mains habiles rendront en Lin des récoltes parfois aussi lucratives que celles que l'on obtient dans des terres de première classe qui ont déjà porté Lin. Citons un fait : M. Hallot acheta, en 1858, sur le territoire de Talmas, 2 hectares et demi de terre au prix de 280 fr. l'hectare; qu'on juge, par ce chiffre, de la qualité de la terre qui n'était, à vrai dire, qu'une friche sans valeur. Celle-ci, mise en Luzerne, fut retournée à la fin de **1862** et donna, l'an dernier, une récolte en Lin supérieure à celle qu'obtient M. Hallot dans ses soles les plus fertiles du Rosel.

Dans les cantons de la Somme, où la culture du Lin entre dans l'assolement pour une part notable, la valeur du sol a beaucoup augmenté, dans ces derniers temps surtout. En effet, de tous les produits de notre riche agriculture, il n'en est aucun qui donne un aussi beau résultat que le Lin, aucun qui se prête autant à l'utilisation des bras que le perfectionnement de l'outillage agricole et industriel laisserait bien certainement inoccupés ; car, à l'exception de la culture du Tabac, aucune peut-être ne demande autant de soins et ne nécessite autant de main-d'œuvre, jusqu'à la préparation de la filasse pour les manufactures.

La terre se trouve améliorée par la propreté avec laquelle elle est tenue et par l'engrais qu'on lui donne. Elle devient libre à l'époque la plus propice aux semailles des Navets, des Colzas, etc., et de plus elle forme une préparation très-favorable à la bonne culture du Froment. L'accroissement de la culture du Lin serait d'autant plus avantageux pour notre pays qu'il assurerait l'alimentation d'une industrie toute nationale, et parviendrait, dans un temps plus ou moins éloigné, à l'affranchir, en grande partie du moins, du tribut onéreux que nous payons annuellement à l'étranger.

Le Lin procure une somme plus grande de travail que toute autre récolte industrielle. Un hectare de terre, cultivé en Lin, jusqu'à la transformation de la plante textile en toile, exige une dépense, en main-d'œuvre, d'environ **850** francs plus élevée que pour convertir un hectare de Blé en pain de ménage, et **470** francs de plus que pour en transformer un de Betteraves en sucre pour la consommation.

La culture du Lin, en prenant un développement plus considérable, sera donc une source de prospérité pour les exploitants du sol, aussi bien que pour les travailleurs français. C'est aux fermiers à se bien pénétrer des règles à suivre dans cette culture, et à se bien renseigner sur les procédés en usage dans les contrées où l'on s'y adonne depuis longtemps avec profit. Nos cultivateurs peuvent se livrer en toute sécurité à une production largement rémunératrice, à laquelle les circonstances et le traité de commerce franco-anglais ont ouvert des débouchés certains. En effet, nos manufactures, de même que celles de l'Angleterre, ne doivent plus compter que le travail du nègre suffise désormais à les approvisionner du Coton que ne peut plus leur fournir l'Amérique du Sud. Le haut prix de cette matière première a forcé un certain nombre d'industriels à remplacer les fils du Coton par les fils du Lin, et à fabriquer de la toile au lieu de calicot. Cette transformation crée à notre agriculture un brillant avenir, puisque la matière première sera produite par le sol même de la France; elle amènera facilement la substitution, dans l'usage, du Lin au Coton dont la production est soumise à tant de vicissitudes. La fabrication de tissus plus beaux, plus solides, plus hygiéniques que ceux confectionnés avec les fils de Coton aura pour tous les plus heureuses conséquences; leur usage, répandu dans le Centre et dans le Midi par la force des choses, s'y perpétuera et créera au commerce un débouché facile. Qu'on ne croie pas que le Coton diminuera, quand même les affaires d'Amérique s'arrangeraient; il est évident pour nous qu'il sera encore cher longtemps. Le trouble apporté par la guerre dans la culture de cette plante ne va pas se rétablir tout de suite et donner à la production de cette matière première le développement qu'elle avait avant les hostilités. Si l'Inde, l'Algérie et d'autres colonies sont appelées un jour à recueillir la succession de l'Amérique du Sud, ce jour est encore bien éloigné, et leurs produits ne paraissent pas posséder les mêmes qualités que celles du Coton américain.

D'ailleurs rien ne permet de supposer que le Lin puisse jamais être détrôné pour la fabrication des toiles de luxe, des mousselines et des dentelles : aucune matière végétale ne donne des filaments aussi déliés, aussi souples et aussi bien appropriés aux besoins du tissage.

La suppression des droits sur l'exportation des Lins permet aux filateurs anglais de nous en acheter des quantités considérables. La valeur des Lins rouis à la Lys seulement est de 14 millions de francs; la moitié environ est exportée en Angleterre et en Irlande par l'intermédiaire des négociants de Lille, et aussi de leurs concurrents de Courtray qui viennent acheter sur la frontière française. Cette exportation ne peut manquer de s'accroître d'année en année.

Le moment est donc venu, pour notre agriculture, de reprendre le rang qu'elle n'aurait jamais dû perdre; elle doit s'efforcer de produire les Lins que nous demandons encore à l'étranger en si grande quantité. Nous craignons d'autant moins d'exciter nos cultivateurs à entrer dans cette voie, que bien des années s'écouleront encore avant que la production soit au niveau de la consommation.

Sa culture améliore le sol, donne de l'occupation à un très-grand nombre d'ouvriers, surtout aux femmes et aux enfants, à une époque de l'année où les travaux agricoles sont encore rares : il appartient à l'État d'aider à son extension par tous les moyens dont il dispose.

Le ministre de l'agriculture, les conseils généraux, les comices agricoles, les sociétés industrielles devraient décerner de fortes primes d'encouragement aux cultivateurs qui introduiront la culture du Lin dans les cantons ou dans les communes où elle ne fait point encore partie des rotations agricoles.

Chaque comice devrait instituer une commission chargée de visiter les divers champs de Lin et donner des primes à ceux qui auraient le mieux réussi et à ceux qui auraient apporté de notables améliorations dans les procédés de culture.

CHAPITRE II.

Culture du Lin en Picardie.

L'introduction du Lin en Picardie ou, pour parler plus exactement, dans le département de la Somme, est fort ancienne; elle remonte à une époque qu'il serait bien difficile de préciser. C'est particulièrement à l'ouest de l'arrondissement d'Abbeville, dans le Vimeu, et dans l'arrondissement de Doullens, au nord, que cette culture s'est développée. Pendant de longues années, elle s'est pour ainsi dire localisée aux deux extrémités du département, et les méthodes de culture suivies sont en harmonie avec le système agricole de chacune de ces contrées.

Culture du Vimeu.

La partie de l'ancien Ponthieu connue sous le nom de Vimeu était comprise entre Abbeville, Saint-Valery, Eu et Blangy ; elle comprend aujourd'hui les cantons de Saint-Valery, Ault, Moyenneville et Gamaches. Le sol de cette contrée est argilo-sableux, riche. Le système de culture a surtout pour objet la production du fourrage artificiel qui réussit là mieux que dans aucune autre partie du département. Il existe dans ce pays beaucoup de prairies artificielles, presque uniquement formées par le Trèfle; elles sont considérables en étendue ; elles occupent à elles seules le tiers au moins de chaque exploitation.

La grande industrie des cultivateurs du Vimeu consiste principalement dans l'élevage des poulains, qu'ils achètent *laiterons*, de six à dix-huit mois, et qu'ils revendent à l'âge de trois ans. Ces animaux viennent du Boulonnais, et l'on sait que les chevaux du Vimeu jouissent d'une réputation méritée.

Les cultivateurs pouvant disposer d'une grande quantité

d'engrais, on s'explique facilement la fertilité du sol et la valeur de ses produits. Le Lin constitue pour eux la récolte industrielle la plus importante : on sait que les Lins du Vimeu, les plus beaux de la Picardie, rivalisent quant à la qualité avec ceux de la Flandre.

Les Lins se sèment ordinairement après Avoine, après bisailles, ou après dravière. L'ensemencement a lieu dans la première huitaine d'avril; la semence est, en général, de *l'après-tonne*.

Les terres destinées au Lin sont fumées sur labour en automne; quelque temps avant la semaille, on donne une façon à l'extirpateur, puis on herse et on ploutre à la manière habituelle.

Le prix du journal sur pied (42 ares 21 centiares) a été en 1862 et 1863, en moyenne, de 350 à 400 francs. Le Lin écouché se vend en tout temps 40 à 50 centimes la *pierre* de 2 kilog. plus que celui des autres régions de la Somme. Nous devons dire que les écoucheurs travaillent avec goût et avec soin; c'est d'ailleurs du Vimeu que nous viennent de petites machines à écoucher simples et peu coûteuses, et qui permettent aux ouvriers un travail régulier et presque sans fatigue.

Culture de l'arrondissement de Doullens.

La méthode suivie dans cet arrondissement repose sur les prairies artificielles; en effet, à de rares exceptions près, on ne cultive le Lin que sur un Trèfle rompu. On fume et on laboure avant l'hiver; on binote, on herse, on roule et on ploutre avant la semaille. Celle-ci a lieu en mars dans les communes au sud de Doullens; fin avril et commencement de mai, dans les communes où les terrains sont plus froids.

En général, on n'emploie pas d'engrais particuliers pour le Lin dans la contrée qui nous occupe; cependant quelques agriculteurs très-distingués utilisent la suie, la cendre de tourbe unie à l'urine des animaux. Un seul, à notre connaissance, a fait usage du guano comme engrais supplémentaire.

Beauquesne. — Les habitants de Beauquesne se sont toujours fait remarquer par leur prédilection et leur aptitude pour la culture et le travail du Lin. Ce village est le centre d'un mouvement d'affaires très-considérable, et l'industrie linière y occupe à peu près tout le monde. L'origine de cette industrie y est sans doute bien antérieure à 1789; tout ce que nous savons à cet égard, c'est que dès 1806 le commerce du Lin avait pris à Beauquesne une notable extension. La meilleure partie des Lins s'expédiait pour Bordeaux, Orthez et Bayonne, et de là était exportée en Espagne; l'autre partie était envoyée à Mayenne, Laval. C'est à Abbeville qu'on embarquait les Lins destinés à Bordeaux et à Bayonne; ces exportations prirent une grande importance jusqu'à l'époque où éclata la guerre d'Espagne.

Après la chute de l'empire, Beauquesne renoua ses relations commerciales qui durèrent et se développèrent jusqu'à l'établissement des filatures de Lin dans le nord de la France.

A Beauquesne, on ne cultive pas moins, année commune, de 220 hectares de Lin sur un territoire total de 2,003 hectares dont 1,846 en terres labourables. La méthode suivie est celle que nous venons d'indiquer et n'offre rien de particulier; on cite un cultivateur de ce village pour la haute valeur et la réussite constante de ses produits. Son procédé consiste à faire tardivement la première coupe de Trèfle, à renfouir la seconde; puis, quand le Lin est semé, à le couvrir avec une forte quantité de fumier de vache et de porc.

le Rosel. — Depuis quinze ans, la culture du Lin a pris une grande extension dans l'arrondissement de Doullens; mais, parmi les fermiers qui l'entendent le mieux, il faut placer en première ligne ceux du Rosel, commune de la Vicogne, canton de Domart. Ces cultivateurs, dont un succès constant a sanctionné la pratique, ont été chercher dans le Nord le modèle de leur culture.

Les sols argilo-sableux sont ceux où viennent les plus beaux Lins; mais, comme on n'a pas toujours des terrains de cette nature à sa disposition, on réserve à la plante textile les meilleures terres. On choisit un Trèfle dont on enfouit la seconde coupe, quand la ferme est riche en fourrage; dans le cas contraire, on fait parquer les Trèfles après la récolte du regain. Le parcage s'étend, autant que possible, aux autres terres destinées au Lin, puis on les retourne à la charrue au commencement de novembre. Plus tard, on y porte des fumiers faits, des fonds de cour et un engrais préparé exprès pour le Lin; on enfouit le tout avant la semaille par des labours superficiels.

On donne aux champs un seul labour profond, car un second serait nuisible en entraînant trop tôt les engrais hors de la portée des racines du Lin au premier temps de sa végétation. La préparation des terres doit toujours avoir lieu avant l'hiver, et les façons qui précèdent l'ensemencement seront terminées à la fin de février si le temps le permet.

Dans une cendrière (local en briques exclusivement affecté à la préparation de l'engrais spécial), les fermiers du Rosel disposent, par couches alternatives, des cendres de tourbe, des fientes de poules et de pigeons et le résidu qui se trouve au fond des bergeries après que le plus long fumier a été enlevé, puis versent sur le tout l'urine des étables et toutes celles qu'on peut recueillir à cet effet. Quand on juge la masse suffisante, il n'y a plus qu'à attendre le moment d'utiliser l'engrais qui sèche et durcit après vive fermentation. Il se réduit alors facilement en poussière qu'on jette, peu de jours avant la semaille, sur la terre qui doit recevoir le Lin. On enterre légèrement cet engrais dont on répand environ 15 hectolitres au journal, soit 35 hectolitres par hectare : cet engrais convient principalement aux terrains froids et humides.

On sème, au Rosel, dans les premiers jours de mars, ou tout au moins dans le courant de ce mois. On saisit alors le moment où la terre n'est ni trop sèche ni trop humide, parce que dans le premier cas la graine ne lèverait pas, et que dans le second elle pourrirait.

Bien rasseoir la terre avant la semaille est la première condition qu'on s'attache à remplir : c'est lorsqu'elle ne colle plus au rouleau, quand elle est assez raffermie pour que le fer du cheval n'y laisse plus que l'empreinte de ses clous, qu'on lui confie la semence du Lin. On rassied le sol après un Trèfle rompu pour éviter le développement des insectes; on le rassied encore, et surtout, pour le Blé qui doit succéder au Lin. C'est une condition indispensable à la réussite de la céréale.

On couvre quelquefois le Lin semé avec des fumiers longs, retirés des étables, de préférence avec celui provenant des bergeries, et l'on s'en trouve bien. En effet, les vicissitudes atmosphériques sont très-fréquentes dans notre pays, et les vents du nord-ouest qui règnent au printemps sont souvent destructifs de toute végétation.

Les façons d'entretien des Lins semés se bornent aux sarclages qu'exécutent des femmes et des enfants, parfois des moutons.

Les modes de la culture du Lin dans les divers cantons de la Somme, où elle s'est successivement propagée, ne diffèrent pas sensiblement de la méthode généralement suivie dans l'arrondissement de Doullens.

Les fermiers, c'est-à-dire les grands cultivateurs, ne sont pas les seuls qui se livrent à la production du Lin ; les ménagers qui, avec leur famille, exploitent 1 à 2 hectares de terre en consacrent au Lin une petite partie. Ces liniers louent quelquefois à de forts cultivateurs une certaine quantité de terre que le fermier doit préparer et fumer pour le Lin ; le linier fournit la semence, et, du jour où elle a été mise en terre, tous les risques et périls sont à sa charge. Dans ce cas la terre se loue, pour une récolte seulement, de 100 à 120 fr. au journal.

Parallèle entre les divers modes de culture en usage dans la Somme.

Une différence capitale, caractéristique, se fait remarquer entre le système de culture du Lin adopté dans le Vimeu et les procédés de production de la même plante dans les autres contrées du département. Malgré l'étendue des prairies naturelles, ce n'est jamais sur Trèfle rompu que les cultivateurs du Vimeu sèment leurs Lins; le contraire a lieu dans les autres cantons de la Somme. Dans le Vimeu, on fume toujours en couverture, et ce n'est qu'après l'hiver qu'a lieu l'enfouissement de l'engrais; ailleurs cette manière de fumer n'est employée que par exception, et comme un supplément d'engrais après la semaille. La richesse du sol du Vimeu, sa fraîcheur naturelle, l'abondance des engrais expliquent le succès constant des cultivateurs de ce pays.

Ce que nous ne voyons nulle part dans la Somme, c'est l'usage des tourteaux oléagineux et du guano que les agriculteurs flamands et artésiens ne manquent jamais de jeter sur leur Lin. Cependant plusieurs fabriques d'huile existent sur le cours de l'Authie, et, chose triste à dire, ce n'est point aux cultivateurs picards qu'elles peuvent vendre les marcs de leur fabrication.

Chez quelques cultivateurs, on répand de la cendre de tourbe sur le sol des étables, des bergeries, des poulaillers; lorsqu'on juge cette cendre suffisamment imprégnée des déjections animales, on l'apporte aux champs telle qu'on la retire des locaux où elle était étendue : ou bien encore, pour augmenter sa puissance, on la délaye avec des urines amassées dans ce but; puis on la conduit en même temps que le fumier sur les terres à Lins. Enfin quelques-uns mélangent cette cendre déjà unie à l'urine en parties égales avec de la suie (18 hectolitres de chaque par hectare), et on a soin de l'employer avant l'hiver.

En agriculture comme en industrie, la meilleure économie consiste à savoir dépenser de l'argent à propos. Mais c'est là une vérité dont il est bien difficile de convaincre nos cultivateurs, même ceux qui pourraient le plus facilement la mettre en pratique.

En général, à la campagne l'économie est poussée si loin, qu'elle peut s'appeler avarice, et, loin d'être profitable, elle devient préjudiciable aux intérêts de ceux qui s'y abandonnent. En Picardie, on considère comme perdu l'argent employé à l'achat des engrais supplémentaires ; aussi ne faut-il pas s'étonner si ses produits agricoles n'atteignent pas la valeur qu'ils seraient susceptibles d'acquérir. Malgré la richesse de son sol, le département du Nord dépense annuellement 1,200,000 fr. en marne, chaux et cendres, sans compter les matières fécales, les tourteaux de graines oléagineuses et les fumiers de toute espèce. C'est que les cultivateurs de ce pays savent bien que la terre rembourse avec usure les avances qu'on lui fait.

Parmi les terres de toute exploitation, il y en a de bonnes qu'on peut rendre excellentes, il y en a de médiocres qui deviendraient bonnes, et de mauvaises que l'on rendrait passables avec quelques sacrifices. Certes on peut améliorer partout, mais il faut un esprit de suite. Savoir créer des engrais, c'est plus aisé qu'on ne le pense. L'agriculture exige une persévérance qui tient presque de l'opiniâtreté. Voyez la Flandre, il y a trois siècles qu'elle cultive de la même manière, et toujours bien : elle a servi d'exemple à l'Europe.

Fréquence du retour du Lin.

Des cultivateurs qui ont fait entrer le Lin dans leur assolement ramènent cette plante à la même place à trop courte période. Le Lin, nous ne l'ignorons pas, forme une de ces cultures industrielles d'autant plus avantageuses qu'elles sont facilement réalisables en argent. Mais cet avantage constitue en même temps un véritable danger pour notre agriculture ; car, entraînés par le désir et le besoin de faire d l'argent, les cultivateurs étendent ces récoltes outre mesure, et le retour trop fréquent du Lin à la même place amène fatalement la diminution graduelle de ses produits. Déjà ces fâcheux résultats ont été constatés dans le Nord et le Pas-de-Calais, où le Lin revient presque tous les six ans sur le même champ; les fermiers de notre département suivent les mêmes errements, et nous en connaissons qui ont même été jusqu'à mettre du Lin tous les trois ans. Par ce système déplorable, contraire aux principes les plus élémentaires d'une bonne agriculture, nos cultivateurs arriveront indubitablement à tuer eux-mêmes la poule aux œufs d'or.

Nous savons bien que, dans la Somme, le retour fréquent du Lin sur le même terrain peut se justifier par cette raison que chaque exploitation ne contient que peu de terres propres à cette culture, et qu'alors les fermiers, pour éviter l'écueil que nous signalons, se trouveraient dans la nécessité de restreindre la culture du Lin d'une façon préjudiciable à leurs intérêts.

Sarclage du Lin par les moutons.

On a remarqué que des moutons qui avaient par hasard fait irruption dans les pièces de Lin ne touchaient point à cette plante et se contentaient de manger les herbes qui d'ordinaire entravent sa croissance. Des cultivateurs ont eu l'idée de mettre à profit cette antipathie, en utilisant leurs troupeaux pour sarcler la récolte textile, alors que le temps pressait et qu'il leur était impossible de trouver des ouvriers. Sans doute cette façon d'entretien ainsi exécutée n'est pas sans inconvénient : le mouton, en choisissant la plante qu'il préfère, ne peut toujours la séparer complétement des tiges de Lin les plus voisines, et il lui arrive d'en enlever quelques-unes; mais, si imparfait que soit ce moyen, il est préférable à l'abandon de la pièce de Lin. D'ailleurs le piétinement des moutons a toujours un résultat favorable en maintenant la fraîcheur du sol.

Voici comment on procède dans les fermes de nos environs : on sépare la pièce à sarcler en *gins* ou portions égales à la largeur que doit occuper le troupeau, selon le nombre de têtes qui le compose; ces portions sont indiquées par des jalons ou par une corde tendue ; puis le berger amène ses moutons qu'il contient dans les limites fixées à l'aide de ses chiens et de trois ou quatre gamins pris à cet effet. Il fait ainsi parcourir successivement et avec lenteur au troupeau les différentes parties du champ, et l'opération se trouve terminée quand les bêtes ont brouté la dernière portion ; on la répète deux ou trois jours de suite. Avant de pouvoir mettre les moutons dans le champ à sarcler, il faut que la plante ait au moins 5 à 6 centimètres de hauteur. On peut, sans inconvénient, utiliser dans ce but ces animaux alors même que le Lin s'élève à 15 centimètres, attendu qu'ils coupent toujours la tête des mauvaises herbes que la végétation rapide du Lin empêche de repousser complétement.

On a soin de ne conduire le troupeau sur le champ à sarcler qu'après lui avoir donné une demi-ration, car, s'il était à jeun, les bêtes à laine pourraient, dans leur avidité, confondre dans le même coup de dent l'herbe dont ils se nourrissent et les jeunes tiges du Lin; tandis que, à demi-rassasiées, elles choisissent mieux l'aliment qu'elles recherchent. Le moment le plus favorable est une ou deux heures de l'après-midi, parce qu'alors la rosée que conservent les feuilles des *Senfles* (*Moutarde des champs*) pourrait déterminer la météorisation de quelques animaux. Un cultivateur d'Orville (Pas-de-Calais) a perdu, l'an dernier, quatre moutons, pour avoir envoyé son troupeau, dans la matinée, sur la pièce qu'il voulait purger d'herbes inutiles ou nuisibles.

Considérations sur la culture du Lin en Picardie, et les améliorations qu'elle réclame.

Si maintenant nous recherchons les causes qui, pendant longtemps, ont entravé le développement de la culture du

Lin en Picardie, et qui aujourd'hui encore nuisent à sa production, nous en trouverons de diverses natures : 1° autrefois, avant l'établissement des filatures mécaniques, la fabrication de la toile et des autres tissus en Lin était très-répandue dans notre contrée : chaque fileuse achetait en détail, dans son voisinage, le Lin dont elle avait besoin : le tisserand ne sortait guère de son canton pour faire ses achats de fil, et chacun se contentait des produits de son pays, qui n'avait ainsi à se préoccuper qu'exceptionnellement d'aucun autre débouché ; 2° la création des filatures mécaniques devait bientôt changer ces habitudes traditionnelles : les Lins doux, se filant plus régulièrement, furent bientôt recherchés; la Belgique, la Hollande, la Russie produisirent les qualités supérieures, tandis que nos Lins généralement durs, sans finesse, sans nerfs, mal rouis et mal travaillés, donnant, par suite, un déchet considérable, ne pouvaient se vendre qu'à vil prix ; de sorte que, loin d'être lucrative, la production du Lin dans ces conditions devenait onéreuse pour le cultivateur, qui alors l'abandonnait : 3° l'esprit de routine, qui domine si fatalement nos cultivateurs, ainsi que l'insuffisance et la mauvaise répartition de leurs engrais; 4° la difficulté de se procurer en temps opportun le nombre d'ouvriers nécessaires aux sarclages et à l'arrachage du Lin ont empêché, et empêchent encore de bons cultivateurs d'introduire le Lin dans leurs exploitations. Le grand nombre des filatures de Lin fondées dans le nord de la France ne pouvant toujours s'alimenter à l'étranger, elles durent, quand le prix de la matière première vint à s'élever, recourir à la production indigène. Le bas prix des Lins de Picardie les fit rechercher, et ces demandes contribuèrent à faire progresser considérablement la culture du Lin dans notre pays. Mais, il faut bien le dire, les filateurs furent peu satisfaits des Lins de provenance picarde : le travail et la préparation de nos Lins sont, en général, très-défectueux, et on ne peut en obtenir que de gros numéros, du n° 8 au n° 16. Dans ces conditions, il est certain que, le jour où une récolte abondante fournirait une grande quantité de Lins dans les autres centres de production, les nôtres perdraient considérablement de leur valeur industrielle. Il est donc indispensable, non-seulement de développer partout dans notre département la culture du Lin, mais aussi de donner à la plante tous les soins qu'elle exige pour en obtenir une filasse de bonne qualité, résultat que l'on ne peut espérer qu'en adoptant une méthode rationnelle de production.

Nous exposerons dans le chapitre suivant les principes d'après lesquels l'agriculteur devra diriger la culture de la plante qui nous occupe; mais auparavant signalons ici le vice capital de notre agriculture. Le voyageur qui parcourt nos campagnes ne peut se défendre d'un sentiment pénible d'étonnement à la vue des engrais de toute nature que, par incurie, on laisse inutilisés presque partout, quand il serait si facile de les recueillir et d'en tirer un parti fructueux. Les engrais sont de l'argent, et on ne peut cultiver avec profit si l'on ne sait accroître, aux moindres frais possibles, la masse et la puissance de ces agents de toute production. Cela est une vérité banale qu'on ne devrait plus avoir besoin de redire.

Entrons dans le premier village venu, qu'y voit-on? L'un suspend ses latrines au-dessus du ruisseau, méconnaissant ainsi la puissante influence des matières fécales qui ont transformé en greniers d'abondance les contrées qui, comme la Flandre, en font usage; l'autre gratifie le chemin public de son purin, et pourtant il devrait savoir que chaque seau est pour lui une perte d'argent; celui-ci laisse pomper par le soleil les sucs fertilisants de son fumier, quoiqu'on lui ait dit qu'en ajoutant à ses fumiers 2 kilogrammes de plâtre par semaine et par tête de gros bétail il triplerait la force de l'engrais en fixant ses principes volatils; cet autre, qui ne prend aucun souci de l'urine de ses vaches, a cependant vu un de ses voisins doubler, en la recueillant, le rapport de ses prés. Cette indifférence en matière d'engrais surprendrait chez nos campagnards, si âpres au gain, si on ne réfléchissait pas que pour eux tout ce qui ne sonne pas n'est rien : une pièce de 5 francs bien luisante a tant d'attrait pour nos villageois, qu'ils ne peuvent se résoudre à l'échanger contre du guano ou des tourteaux, tant il est vrai que le système des économies ruineuses a de profondes racines chez ces avares qui ne sont, en réalité, que des prodigues à leur insu.

Le but à atteindre pour tous ceux qui veulent s'adonner à la production du Lin consiste à multiplier les engrais sans augmentation de frais de culture : relever à temps le fumier de cour, répandre par jour quelques poignées de plâtre sur le sol des écuries, des étables, des bergeries, recevoir les urines dans des citernes, fabriquer avec elles de l'engrais flamand, former des composts, répartir les engrais selon leur qualité et la nature des terres qui doivent les recevoir.

L'assolement triennal généralement suivi dans les fermes de la Somme a pour principal inconvénient de salir le sol par deux céréales de suite; mais la courte durée des baux et l'empire de l'habitude le maintiendront longtemps encore. Cependant cette rotation et la jachère qu'elle nécessite doivent être supprimées dans les terres fécondes ou susceptibles de le devenir facilement, surtout dans notre département où tous les produits agricoles ont des débouchés avantageux et payent amplement le travail consacré à les faire venir. Disons néanmoins qu'il ne faut substituer au système actuel une culture plus active que graduellement et à mesure qu'un changement accompli permet d'en introduire un autre. On devra mettre d'abord le fumier sur un espace de terrain assez limité, consacrer à l'établissement d'une prairie artificielle un des meilleurs coins de terre de la ferme, diminuer l'étendue des soles en cultures épuisantes. On cherchera ensuite à établir, à mesure que la fécondité, la propreté des terres le permettront, des pâturages artificiels, des cultures dérobées et des récoltes sarclées; on établira ainsi un assolement triennal avec racines et légumineuses sur une partie de la jachère, comme cela se pratique déjà généralement, et on étendra les cultures industrielles à mesure qu'on verra s'accroître le bon état des terres, l'abondance des fourrages, la quantité des engrais, la facilité de la vente des produits. On arrivera ainsi à augmenter la production des fourrages dans une notable proportion, ce qui aura pour conséquence inévitable l'entretien d'un bétail plus nombreux, l'abondance des fumiers, et partout la richesse des cultures.

L'usage des engrais verts faciliterait à nos cultivateurs le passage de l'assolement triennal à une rotation plus active en suppléant au manque de fumier. On ne comprend pas assez chez nous les avantages que l'agriculture peut retirer des récoltes enfouies dans les terrains blancs très-calcaires, dans les sols pauvres et maigres où l'argile manque, dans les terres éloignées et d'un abord difficile, en dispensant des charrois : ces engrais nous paraissent particulièrement utiles à la culture du Lin ; car ils maintiennent dans la terre une humidité favorable à la végétation de cette plante. Voilà pourquoi les bons agriculteurs retournent à la charrue la seconde coupe de Trèfle que porte le champ destiné au Lin.

Les plantes qu'il convient d'enfouir sont les Luzernes, les Trèfles communs, le Trèfle anglais, le Sainfoin, les Vesces, les Navettes, les Choux, le Colza, le Sarrasin. Le moment le plus favorable pour enterrer les végétaux est celui où ils sont en fleurs. Plus tôt, il renferment trop d'acides et trop peu de matières nutritives; plus tard, ces matières perdent de leur valeur, et la tige, en devenant ligneuse, acquiert une dureté qui rend sa décomposition très-lente et très-difficile.

Les engrais verts, en se décomposant, forment des acides et un terreau où l'humidité se maintient longtemps; si donc, faute d'autres engrais, le cultivateur se voyait dans la nécessité de recourir aux fumures vertes pour les terrains froids, argileux, il devra enfouir, en même temps que les plantes, de la chaux ou des cendres de houille, de la marne ou des boues calcaires de routes; sans cette précaution, les plantes enfouies rendraient les terres aigres.

Lorsqu'il s'agit de terrains siliceux, caillouteux, arides,

les engrais verts sont d'un bon effet, attendu qu'ils leur fournissent une petite provision d'eau, fort utile dans les moments de sécheresse excessive. Mais ici encore, de même que dans les terrains argileux, il est nécessaire de neutraliser l'action des acides produits par la fermentation végétale, par conséquent d'enfouir des amendements calcaires avec les récoltes en vert.

Dans les terrains où le calcaire prédomine, les engrais verts donnent d'excellents résultats et n'exigent aucune préparation.

Les cultivateurs de la Somme ne sont pas plus riches en fumier que ceux des autres contrées; ils ne doivent donc négliger aucun moyen d'y suppléer. Or les récoltes enfouies ne coûtent presque rien, et celui qui, sur une exploitation de 8 hectares, en fumerait 3 avec elles, en retirerait de grands avantages. Nous exhortons ceux qui douteraient de la valeur des engrais verts à en tenter l'expérience sur la moitié d'un champ dont l'autre moitié serait fumée à la manière ordinaire : ils pourront alors comparer et juger.

Nous le répétons, les plantes enfouies constituent l'engrais le moins cher de tous; on peut se le procurer dans tous les pays et sur toutes les terres; son emploi judicieux rendrait possibles dans toutes les exploitations les cultures industrielles, aujourd'hui si lucratives.

M. Louis Renard, président du comice agricole de l'arrondissement de Doullens, a pris, depuis plusieurs années, les engrais verts pour base du système de culture qu'il applique dans son exploitation d'Auxy-le-Château.

Cette propriété, d'une contenance de 145 hectares, dépendait autrefois du domaine seigneurial de Maizicourt; à la place où on voit actuellement de riches moissons existait un bois. C'est sur ce terrain que M. Renard a fait l'application méthodique des fumures vertes et avec un succès constant; il retire de ses récoltes un produit beaucoup plus élevé que n'obtiennent des leurs ses voisins les plus heureux ; il y cultive avec un grand profit le Lin et le Colza. Les circonstances ont forcé M. Renard à recourir à l'usage des engrais verts; résidant à 28 kilomètres de son exploitation, il s'est épargné une surveillance à peu près impossible, en ne conservant dans sa ferme que cinq chevaux nécessaires à l'exécution des travaux de grande culture. Point d'autre personnel que le domestique de charrue, et les récoltes se vendent sur pied.

Aux cultivateurs qui sont à même de faire quelques sacrifices d'argent, nous recommanderons l'emploi des tourteaux oléagineux, du guano. Nous allons indiquer rapidement la valeur comparative de ces engrais.

Les tourteaux, en général, sont les meilleurs des engrais végétaux, parce qu'ils contiennent une quantité notable d'azote. On les applique surtout aux terres qui sont pauvres en détritus organiques, à celles qui, par leur nature, ont besoin d'un peu d'humidité. Les tourteaux ne conviennent pas aux terres froides, argileuses; dans les années pluvieuses, ils produisent peu d'effet. Les tourteaux les plus estimés par les cultivateurs du Nord et du Pas-de-Calais sont ceux de Chanvre, de Colza, d'OEillette, de Lin : le prix ou la facilité de l'approvisionnement décide seul de la préférence que l'on accorde à l'une ou à l'autre de ces quatre sortes de tourteaux pour le Lin; quelques cultivateurs flamands choisissent ceux de Cameline, qui auraient, prétendent-ils, la propriété d'éloigner les puces de terre : assertion que je n'ai pas été à même de vérifier. Pour remplacer les 30,000 kilogrammes de fumier nécessaires à la fumure d'un hectare au début de la rotation de trois ans, la pratique a démontré qu'il fallait, en moyenne, 1,200 kilog. des tourteaux précédents, coûtant, selon l'espèce, de 150 à 170 francs.

Les tourteaux s'emploient de diverses manières : les uns les pulvérisent pour les répandre sur la terre une douzaine de jours avant les semailles; les autres, mais c'est le petit nombre, font des mélanges de fumier et de tourteaux; la grande majorité des cultivateurs flamands et artésiens jettent les tourteaux, sans les rompre, dans des citernes, où ils les brassent et les délayent avec du purin, de la courte graisse (excréments humains), de la fiente de vache; ils font de ce mélange une pâte claire avec laquelle ils arrosent les récoltes, à 100 hectolitres par hectare.

De tous les engrais commerciaux le guano est un des plus actifs, à raison de sa forme pulvérulente et de son peu de volume qui permet d'en transporter sur les champs la quantité nécessaire avec une grande économie de temps et de main-d'œuvre; c'est aussi celui dont l'emploi est le plus commode.

Son usage s'est donc rapidement généralisé dans la culture européenne, surtout dans les contrées où, comme en Flandre, on fait une culture intensive.

Ces avantages ont excité la cupidité de certains individus, et il s'est introduit, dans le commerce de cet engrais, des fraudes de toute nature.

Il y a des guanos de diverses provenances; le meilleur est celui du Pérou; il s'emploie à la dose de 450 kilogrammes par hectare, et coûte 36 à 38 fr. les 100 kilog. Les cultivateurs qui veulent s'éclairer sur la qualité du guano qu'on leur offre doivent prier un pharmacien de leur indiquer la valeur chimique.

M. Louis Renard a employé le guano dans la culture du Lin sur un sol argileux; une faible quantité de fumier avait été répandue sur la terre, et la plante textile succédait à du Blé. Moitié de la pièce a reçu du guano, 450 kilog. à l'hectare; l'autre moitié, rien autre chose que le fumier.

Le Lin a été semé le même jour, et celui avec le guano a été vendu 1,042 fr., l'autre 450 fr. seulement à l'hectare. Nous devons dire ici qu'en Flandre on a cru remarquer que l'emploi du guano est préjudiciable à la qualité de la filasse, ceci tient probablement à la grande richesse du sol qui rend inutile l'usage des engrais trop actifs; il en résulte que, dans ce cas, le guano détermine sur le Lin une véritable surexcitation végétative qui entretient la verdeur de la tige au delà du terme ordinaire, fait qu'on n'a point à redouter dans les contrées où la terre est moins fertile.

Les cendres, dont l'usage est si général en Picardie, forment un engrais plus dispendieux qu'utile, quand elles sont de mauvaise qualité; en tout état de cause, il est préférable de ne les employer qu'après leur mélange avec l'urine des animaux, soit directement, soit en les étendant par couches sur la litière des bestiaux. On pourrait aussi verser, sur des cendres que contiendraient de vieux tonneaux, les eaux de savon ayant servi au blanchissage du linge.

Les cultivateurs qui voudront faire usage de tourteaux ou de guano doivent bien être persuadés qu'ils dépenseraient leur argent en pure perte si, par une économie mal entendue, ils appliquaient à leur récolte de Lin des quantités de ces engrais inférieures à celles que la pratique a déterminées comme indispensables aux succès des cultures.

CHAPITRE III.

Méthodes culturales de la Belgique, de la Flandre et de l'Artois.

La Belgique, où se fabriquent les plus merveilleuses dentelles, est la terre classique de la culture du Lin. On cultive cette plante un peu partout dans ce pays; mais c'est particulièrementdans les Flandres, où elle a atteint son plus haut degré de perfection, qu'il faut étudier les méthodes en usage. C'est donc à l'agriculture flamande que nous emprunterons les renseignements dont nous avons besoin dans ce moment, puisqu'il est reconnu que nulle part ailleurs on n'entend mieux les détails de la culture qui nous occupe.

« Si le Lin, dit *Van Aelbroeck*, est la plante la plus avantageuse à la Flandre, c'est aussi celle dont la culture demande le plus de connaissances pour l'obtenir d'une belle et bonne qualité.

« Il n'est pas de production qui exige autant de travail et sur laquelle l'agriculteur fixe plus son attention; mais aussi il n'y a pas de plante qui soit cultivée de tant de manières différentes. Ces différences portent toujours sur la manière de fumer le sol, d'après les données de l'expérience.

« Un cultivateur intelligent qui fait préparer et fumer ses terres suivant leur nature et leur situation récoltera de bon Lin dans toute espèce de sol. Les terres légères exigent un labour assez profond. Dans les terres fortes et humides, il est convenable de faire un labour croisé et profond, ou bien de les bêcher. Le Lin ne doit pas être enterré trop profondément; une exposition trop sèche, trop humide ou trop froide ne lui convient pas : il lui faut une terre médiocrement molle, bien brisée, et un fumier bien consommé.

« Dans les terres légères, on sème le plus souvent le Lin après le Seigle et les Navets; dans les terres fortes, cela se fait plus ordinairement après l'Avoine. Le Lin peut bien être semé après les Pommes de terre et les Féveroles; mais on trouve plus de profit à semer, après ces deux dernières productions, du Froment sans fumier.

« Après la récolte du Seigle, dans les terres légères, et avant de semer des Navets dans les champs destinés au Lin, quelques-uns donnent au sol un labour profond, et répandent six à sept voitures de fumier de vache par 45 ares; ils sèment ensuite les Navets, qui sont recueillis à Noël; après, on répand de nouveau six à sept voitures de fumier, et on laboure le champ en lits de jachères; puis on le laisse en cet état jusqu'au mois de mars; alors on lui donne un nouveau labour et on y fait passer la herse en long et en large; on enlève ensuite les mauvaises herbes. Enfin, vers le 20 avril, on laboure une troisième fois, et on fait suivre également la herse autant de fois qu'il le faut pour bien rompre la terre; on y enfouit ensuite 7 hectolitres de bonnes cendres de Hollande, et, quatre ou cinq jours après, 30 hectolitres d'engrais liquide. Au bout de dix jours, on sème le

Lin, et on le refoule deux fois avec la herse renversée, de manière que le cheval trace toujours des lignes de 1 mètre 30 centimètres de largeur d'un bout du champ à l'autre; on termine en affermissant le sol avec le traîneau.

« En semant les Navets dans un terrain maigre, d'autres emploient jusqu'à dix voitures de fumier pour 45 ares, et, avant de semer le Lin, ils mettent encore un demi-engrais de cendres et de fumier liquide. Ils disent que l'engrais de ces dix voitures ne perd que très-peu de chose par la culture des Navets, et que pendant l'hiver il se dissout, pénètre mieux dans la terre, et devient d'une bien plus grande utilité que le fumier, qui n'est répandu qu'au moment de semer le Lin.

« Ceux qui veulent semer le Lin après l'Avoine donnent à cette céréale, dans cette intention, un tiers de plus d'engrais que d'après l'usage ordinaire. L'Avoine étant enlevée, ils donnent encore au sol un demi-engrais qu'ils enterrent avec le chaume, et le tout est laissé ainsi jusqu'aux semailles, époque où ils répandent sur le sol 25 à 30 hectolitres d'engrais liquide. D'autres, dans les bonnes terres légères destinées à la culture du Lin, ne se servent pas de fumier pour les Navets semés après le Seigle ; ils donnent à leur champ, surtout quand la terre est un peu humide, jusqu'à 17 à 20 hectolitres de cendres de Hollande pour 45 ares ; ils enfouissent les cendres dans la terre au moyen de la herse retournée, quelques jours avant de semer le Lin ; alors ils répandent encore 50 hectolitres de fumier liquide. »

C'est aux environs de Courtray que l'on produit le plus beau Lin de l'Europe. Là, quelque temps avant les semailles, qui doivent toujours se faire dans un champ déjà pourvu d'une grande fécondité, on arrose la terre avec de l'engrais liquide composé de l'urine des bestiaux recueillie dans des fosses, et de tourteaux de Colza fondus et amalgamés dans le purin.

On emploie environ 100 hectolitres d'engrais liquide par hectare, et 1,200 kilogrammes de tourteaux; lorsque le sol est ressuyé, on l'unit en y faisant passer deux ou trois fois des herses renversées, et on affermit avec le rouleau. Quelques semaines plus tard, on sillonne la surface de coups de herse, et l'on répand à la volée 150 kilogrammes de graine choisie en parfait état de maturité et de conservation. Ces opérations se pratiquent dans le cours du mois de mars ou d'avril; mais elles ne doivent jamais se reculer au delà du 1er mai. Si la terre est légère, on la comprime encore légèrement après les semailles.

Dans les exploitations bien tenues, lorsque le Lin commence à sortir de terre, on le fait biner soigneusement, pour favoriser le développement des jeunes racines et détruire toutes les mauvaises herbes qui se développeraient rapidement sur une terre bien préparée. Lès Flamands attachent, avec raison, une haute importance à la bonne exécution du binage. « J'ai soin, dit encore Van Aelbroeck, de confier cet ouvrage à des femmes d'un poids assez léger, pour que la plante soit moins foulée quand elles marchent à deux genoux pour arracher attentivement les mauvaises herbes; ces femmes ne doivent avoir ni souliers ni sabots. Je tâche aussi d'arranger ce travail de manière quc les ouvrières aient toujours le visage tourné contre le vent, parce qu'après le sarclage le vent aide la plante à se redresser. Après le premier enlèvement des mauvaises herbes, si je m'aperçois qu'il en reste encore, je fais recommencer; car tout ce que l'on peut tenter pour obtenir de bon Lin deviendrait inutile si l'on ne parvenait à le débarrasser absolument de toute ivraie. »

Tous ces soins n'ont d'autre but que d'obtenir une végétation égale et vigoureuse, et l'on risque, par cela même, de tomber dans un inconvénient assez grave. Il arrive, en effet, quelquefois que les branches de Lin ne peuvent supporter leur propre poids et se couchent vers la terre, où l'humidité les détériore et les rend impropres aux usages du luxe, surtout lorsque l'année est humide et pluvieuse. Pour prévenir ce danger, on répand sur le sol, après le sarclage, des Bruyères ou des ramilles d'arbres contre lesquelles le Lin s'appuie à mesure que ses tiges s'allongent. En Flandre, on fait mieux encore; on rame le Lin avec des baguettes qui sont soutenues à 15 centimètres au-dessus du sol par des fourches de bois; on couvre le champ d'une espèce de grillage qui soutient les plantes et les empêche de se renverser complétement sur la terre.

Jusqu'au mois de juillet, le cultivateur n'a plus à s'occuper de ses cultures; les plantes de Lin commencent alors à jaunir par le pied, la fleur a disparu et des capsules de graines l'ont remplacée. Le moment est venu de procéder à l'arrachage et au séchage des tiges, que l'on fait rouir après avoir enlevé la graine. Là finit le rôle de l'agriculture et commence celui de l'industrie.

Flandre. — Les plaines fertiles, profondes, unies de la Flandre, grâce aux méthodes perfectionnées de leur agriculture, se couvrent, chaque année, des plus brillantes récoltes; la masse des produits que donne le sol caractérise l'agriculture flamande, et lui assure une immense supériorité sur les départements qui suivent encore les errements de la vieille routine. Le Lin forme une des riches productions agricoles de ce pays; nous devons donc faire connaître sa culture étudiée sur place, et dans les meilleures exploitations rurales. Dans le département du Nord, suivant qu'on cultive le Lin de telle ou telle manière, on obtient deux produits différents : du *Lin de gros* ou *du Lin de fin.*

Lin de gros. — Le *Lin de gros*, c'est-à-dire le Lin ordinaire, se place souvent après un Blé de Trèfle ou même après une Avoine qui a suivi un Blé; tantôt encore on le sème après un Chanvre ou des Pommes de terre, tantôt après un Trèfle ou sur une pâture rompue; d'après l'époque des semailles, on en distingue deux variétés : le *Lin de mars* et le *Lin de mai.*

Lin de mars. — Dans l'*arrondissement de Dunkerque,* après un Blé ou une Avoine, on ne donne qu'un seul labour de $0^m,16$ avant l'hiver; à la fin de février ou dans les premiers jours de mars, lorsque la terre est bien ressuyée, on binote (on laboure superficiellement) pour échauffer le sol; on le laisse ainsi pendant quatre jours; après ce temps, on donne deux hersages suivis d'un tour de rouleau lorsque la terre a reçu un coup de soleil; on ploutre ensuite pour ameublir le sol. Toute façon cesse alors pendant quelque temps; néanmoins, si les mauvaises herbes commencent à poindre, on les détruit par un trait de herse, et, deux jours après, on roule pour répandre bien également la semence.

De bons cultivateurs de ce pays déchaument, aussitôt la récolte d'Avoine enlevée; ils donnent, en novembre, un premier labour à $0^m,16$; en mars, ou même en février, si le temps et le sol le permettent, ils labourent à $0^m,08$, font passer le ploutre si la terre est encore motteuse, et hersent à différentes reprises avant la semaille. Sur une pâture rompue, ils déchaument d'abord à $0^m,06$, puis ils labourent à $0^m,19$ ou $0^m,20$ avant l'hiver; dès le 15 février, ils donnent plusieurs hersages croisés, et souvent ils sèment à la fin du mois.

Dans l'*arrondissement de Lille*, le cultivateur, après un Trèfle, laboure sa pièce en une ou deux fois à $0^m,11$ ou $0^m,14$ avant l'hiver, suivant que le Trèfle est propre ou sali par les mauvaises herbes; au premier printemps, il attend que la terre soit bien ressuyée; il herse d'abord en long et en large avec une herse à dents très-écartées, pénétrant à $0^m,05$ ou $0^m,06$; il fait ensuite passer une petite herse à dents très-rapprochées, rondèle, herse, rondèle et herse encore, jusqu'à ce que toute la surface soit *meuble* comme la cendre, le fond restant ferme : lorsqu'il fume son Lin, il répand 100 kilogrammes de tourteaux et 10 tonneaux de courte graisse au *cent* de terre (9 ares), quinze jours avant de donner les dernières façons.

Dans le canton d'Arleux, après avoir retourné le chaume d'Avoine, on donne un labour de $0^m,21$ à $0^m,27$ avant l'hiver; au printemps, si les gelées ont été fortes, on ne donne pas de nouveaux labours, à moins que la terre n'ait été battue par les pluies; mais on herse à différentes reprises jusqu'à ce que la surface soit bien meuble : on aime que le fond soit ferme.

Dans le canton de Douai, sur un Trèfle les cultivateurs ne donnent qu'un seul labour de $0^m,08$ à $0^m,11$ pour retourner l'éteule ; tout le reste se fait à coups de herse de rouleau, dans le mois de mars, jusqu'à ce que la surface soit parfaitement ameublie; quinze jours ou trois semaines avant les semailles, on répand 500 kilogrammes de tourteaux de Colza ou d'OEillette en poudre par rasière de 42 ares 92 centiares ; on croit que, s'ils étaient mis de suite sur le Lin, ils le brûleraient. Plusieurs cultivateurs de cet arrondissement assurent qu'après des Pommes de terre le Lin a plus de longueur, de finesse.

A Flines, pays sablonneux renommé pour cette culture, le Lin est mis sur un chaume de Blé de Trèfle, sur une Avoine ou sur du Chanvre ; on déchaume, on herse, puis on donne un labour de $0^m,08$ à $0^m,11$; en novembre, on charrie, par rasière de 47 ares 22 centiares, vingt voitures de fumier consommé, pesant chacune 1,500 kilogrammes, et l'on enterre l'engrais par un labour de $0^m,21$ à $0^m,22$. Au mois de mars, on répand 800 kilogrammes de tourteaux, moitié de Colza et moitié de Cameline, quatre jours avant de semer, et l'on herse à différentes reprises jusqu'à ce que la terre soit bien unie : on dit communément, à Flines, qu'il faut herser le champ de Lin jusqu'à ce que le clou du cheval marque sur le sol. Les hersages doivent toujours avoir lieu par un temps sec; il est aussi d'expérience que, si la terre est trop meuble, les insectes rongent le Lin à sa levée, et l'on s'expose à n'avoir qu'une mauvaise récolte.

Les semailles de Lin de mars ont lieu, en général, vers la fin de ce mois ; la graine, renouvelée tous les deux ans, est tirée de Riga ; on la répand à raison de 175 litres par rasière de 47 ares 22 centiares.

Certains cultivateurs enterrent légèrement la graine par un hersage croisé, c'est-à-dire de long en large, et donnent un coup de rouleau deux ou trois jours après, si, bien entendu, la terre n'est point mouillée. A Flines, ce sont des hommes qui, à cet effet, traînent une petite herse à dents de bois très-serrées, et dès le lendemain ils roulent, si la terre a *blanchi*, c'est-à-dire si le soleil a donné dessus. Quelques personnes font enterrer le Lin à la houe.

Dès que la plante atteint 0m,02 ou 0m,03, des enfants placés de front, ayant aux pieds des chaussettes en toile, s'avancent à genoux, enlèvent toutes les mauvaises herbes qu'ils rencontrent, les laissent sur place lorsque le soleil donne ; on en forme de petits tas lorsque le temps est humide ou couvert. Dans le premier cas, la chaleur dessèche rapidement ces mauvaises herbes, et il n'est pas à craindre qu'elles repoussent ; dans le second cas, il y aurait de l'inconvénient à les laisser sur place, où beaucoup reprendraient racine ; on les enlève le soir même. Souvent ce premier sarclage ne suffit pas, et l'on doit recommencer l'opération quelques jours après.

On récolte, en général, quand la tige et la capsule commencent à jaunir ; mais on n'attend pas que le Lin soit tout à fait mûr, car alors la filasse serait de médiocre qualité, et la graine, bien que meilleure comme semence, ne compenserait pas la perte qu'on éprouverait dans le produit principal. Le Lin s'arrache à la main : dès que l'ouvrier en a une forte poignée dans chaque main, il les dépose en croix l'une sur l'autre sur le sol et poursuit son travail. On laisse le Lin en javelles pendant vingt-quatre heures et on le met en chaînes, c'est-à-dire que les têtes des poignées sont appuyées les unes contre les autres, le pied étant écarté de manière à laisser un vide dans le milieu sur toute la ligne.

Lorsque la graine est assez sèche pour qu'on puisse facilement la détacher avec l'instrument appelé *masse*, on lie le Lin en bottes très-serrées contenant environ huit fortes poignées, et l'on dresse ces bottes en monts sûr trois rangs : cette opération, généralement usitée dans l'*arrondissement de Lille*, n'a lieu, dans les autres localités, que lorsque l'on craint le mauvais temps. Si la récolte n'est pas vendue à l'avance, on rentre le Lin à la ferme quelques jours après qu'il est resté en monts; on commence alors par délier les bottes pour les exposer au soleil pendant une couple d'heures; on détache ensuite la graine avec la masse, puis on lie le Lin par bottes de 10 kilogrammes et on le porte au routoir.

Le rendement du Lin de mars varie beaucoup, suivant que l'année a été plus ou moins favorable. A Flines, le rendement d'une rasière de 45 ares 22 centiares en Lin est de 750 à 800 kilogrammes de filasse, de 4 hectolitres de graine. Dans l'arrondissement de Lille, on récolte ordinairement 600 kilogrammes de filasse et 12 hectolitres de graine par bonnier de 1 hectare 41 ares 87 centiares ; — dans l'arrondissement de Dunkerque, une récolte de Lin est estimée bonne lorsqu'elle rend 250 bottes de 1^k,500 par mesure de 44 ares 4 centiares ; aux environs de Douai, une bonne récolte produit de 150 à 260 bottes de 1^k,600 et 2 hectolitres de graine par mesure de 42 ares 92 centiares.

Lin de mai. — On sème aussi le Lin dans le courant du mois de mai, et il n'y a de différence entre ces semailles et celles de mars qu'une dépense de graine un peu plus forte, attendu que, cette fois, l'on sème dru ; ainsi, au lieu de 1 hectolitre répandu en mars, on sème 125 litres en mai, différence de 1/4. Les autres détails de culture restent les mêmes; on ne sarcle qu'une seule fois. La réussite est moins assurée avec le Lin de mai qu'avec celui de mars.

Lin de fin. — Le Lin de fin se sème ordinairement après une Avoine ou un Chanvre à Saint-Arnaud, canton renommé pour cette culture. On ne donne qu'un seul labour de 0^m,08 avant l'hiver ; au premier printemps, on se contente quelquefois de herser et de ploutrer ; mais le plus souvent on laboure avec le louchet, à 0^m,15 de profondeur, dès que la terre est suffisamment ressuyée. Alors on répand 1,000 kilogrammes de tourteaux de Colza au *bonnier* (1 hectare 42 ares), ou bien 160 hectolitres de boues de ville, sur lesquelles on fait passer la herse quelques jours après, c'est-à-dire du 15 au 30 mars; on répand la semence dans la proportion de 6 ou 7 hectolitres au bonnier, et l'on recouvre la graine par un léger hersage. Pour le Lin fin, on n'emploie jamais comme semence que le Lin de mai semé de tonne, c'est-à-dire celui qui provient immédiatement de la graine nouvelle de Riga, récoltée dans la première année de l'importation ; on sarcle lorsque les plantes ont 0m,02 à 0m,03 de hauteur.

Aussitôt après le sarclage, on plante à 1 mètre de distance, dans le sens de la longueur des *piquets* ou petites fourches en bois destinées à recevoir les maîtresses branches appelées *mousquets*, et sur celles-ci on pose en travers les menues branches ou *croisures* à 0m,48 les unes des autres; toutes les branches conservent leurs rameaux; elles sont là pour soutenir le Lin, qui, sans cet appui, verserait infailliblement par les pluies ou même par les rosées, dans une terre aussi engraissée; les piquets s'élèvent à 0m,08 au-dessus du sol.

Lorsque le Lin commence à bien jaunir, on l'arrache à la main entre les branchages; si le temps est beau, on l'étend par petites poignées sur ces mêmes branchages pendant vingt-quatre heures, après quoi on le met en *tourelles*.

Cette opération consiste à placer circulairement, au-dessus des croisures, de petits piquets sur lesquels on appuie les poignées de Lin sans les lier. Si le temps est mauvais, on lie les tourelles avec deux ou trois liens d'osier; le Lin sèche dans cette position. Lorsque la dessiccation est suffisamment avancée, on lie par le pied la récolte en gerbes de 7 kilogrammes 1/2 environ, et on la transporte dans des bâtiments où elle est d'abord placée debout; de temps en temps on l'expose au soleil sans délier les gerbes. Quand la dessiccation est complète, on *masse* la graine, et les petits cultivateurs profitent de ce moment pour vendre; en grande culture, on vend ordinairement la récolte sur pied.

A Hasnon, le Lin de fin est ordinairement semé sur un Blé

de Trèfle ; cette place, dans la rotation, passe pour la meilleure. On déchaume, on herse et on donne un labour de 0^{m},13 avant l'hiver ; on met quarante voitures de fumier pesant chacune 1,750 kilogrammes que l'on enterre à la charrue ; au printemps, on laboure au louchet de 0^{m},21 de profondeur, on ride, on sème 8 hectolitres de Lin de tonne par bonnier (1 hectare 42 ares), et l'on enterre la semence par un double hersage, dont le dernier s'effectue à bras d'homme; si le terrain est encore un peu motteux, après que la graine est semée, on *rucque*, c'est-à-dire on brise ces petites mottes avec un instrument destiné à cet effet.

Autrefois une récolte de Lin fin bien réussi rapportait plus que la valeur du fonds : on en obtenait jusqu'à 5,000 fr. par hectare; aujourd'hui elle ne rend plus que 3,000 fr.; les frais s'élèvent à 1,200 fr. Le Lin de fin, dans les terres douces et les bons sables, peut revenir tous les quinze ou vingt ans; dans les terres fortes, son retour ne doit avoir lieu qu'après une intervalle de quarante ans; c'est pourquoi les gens du pays disent proverbialement que celui qui a semé du Lin de fin dans une terre forte ne doit plus en revoir une seconde fois sur la même pièce (V. Rendu, *Agriculture du Nord*).

Artois. — Dans les arrondissements de Béthune et de Saint-Omer, on cultive le Lin de la manière suivante : après la récolte du Froment, on donne à la terre une façon légère au binot, puis un labour profond avant l'hiver; trois semaines, ou seulement quelques jours avant de semer, on répand 1,000 kilogrammes de tourteaux de Colza préalablement délayés dans l'urine et la fiente de vache : ce *lisier*, ou engrais flamand, est porté au champ dans un tonneau disposé à cet effet. La quantité que nous venons d'indiquer est la moyenne ordinaire par chaque *mesure* da terre, 35 ares 90 centiares. Le tourteau d'OEillette, préféré par quelques cultivateurs, agit plus activement, mais son effet est moins durable que celui du Colza.

Les 1,000 kilogrammes de tourteaux de Colza représentent une dépense de 180 fr., sans préjudice du fumier ordinaire employé avant l'hiver.

Le Lin est semé du 1er au 15 mars.

Généralement, aux environs de Béthune, on sème, en même temps que le Lin, des Betteraves qui, se récoltant après le Lin, donnent encore un produit moyen de 80 fr., formant le prix de 10,000 kilogrammes de Betteraves. Après l'enlèvement de celles-ci, on emblave de nouveau le terrain qui les a portées. Le Lin se vend ordinairement 400 fr. la *mesure* de 35 ares, et ce sont les acheteurs qui procèdent à son arrachage, à moins que, par une convention particulière, le cultivateur ne se charge de ce soin.

La mesure de 35 ares se loue, en moyenne, de 45 à 50 fr.; elle se vend, dans ce pays, de 2,500 à 3,000 fr.

Remarques sur la méthode flamande.

Il résulte de l'exposé que nous venons de faire des méthodes suivies en Belgique, dans les départements du Nord et du Pas-de-Calais, que la préparation de la terre pour le Lin est à peu près la même partout; que, si riche que soit le sol, les bons agriculteurs ne lui marchandent pas les engrais, sachant bien qu'ils seront largement dédommagés de leurs avances.

Les seules différences qui existent dans cette culture portent sur les engrais; les uns fument avec des tourteaux de Colza délayés dans l'urine de bétail, principalement dans les terrains secs; s'il s'agit de terres humides, on pulvérise des tourteaux, et on les répand à l'état de poussière, puis on arrose le champ avec de l'engrais liquide, 1 hectolitre par are.—D'autres fertilisent leurs terres à Lin, en y appliquant, avant l'hiver, 165 hectolitres de gadoues (engrais humains) par hectare, et du fumier. D'autres cultivateurs emploient les cendres de Hollande; d'autres, enfin, sèment du guano sur le Lin déjà levé, environ 450 kilogrammes par hectare.

Nous avons vu que, pour empêcher le Lin de verser, on le ramait ; ce détail de cultures est trop coûteux, et ne doit s'appliquer que dans les cultures de Lin de fin ou de première qualité.

La culture flamande est ce que l'on appelle une culture *intensive*, c'est-à-dire une culture active. Dans quelques cantons, le Lin ne réussit plus aussi bien qu'autrefois, malgré l'abondance des engrais, parce qu'on le ramène trop souvent à la même place.

Le Flamand ne s'épargne ni travaux ni sacrifices d'engrais pour corriger les défauts naturels du terrain ; il multiplie les façons, afin de l'amener à cet état de préparation parfaite que l'on rencontre dans les jardins potagers les mieux tenus.

Quand on compare l'agriculture flamande et artésienne avec celle de la Picardie, il est aisé de se convaincre que l'infériorité de cette dernière tient principalement à l'indifférence de ses habitants en ce qui concerne l'utilisation des diverses matières fertilisantes. Autant le Flamand met de soins à augmenter la puissance et la quantité de ses engrais, autant le Picard y apporte de négligence. Les faits les mieux établis n'ont pu encore anéantir l'influence de la routine et de l'indifférence, qui se complaisent dans le cercle des habitudes séculaires. Combien n'est-il pas déplorable de voir perdre en tous lieux une portion incalculable de matière fertilisante, qui permettrait partout de féconder les terres ingrates, d'enrichir les sols médiocres !

Tout se lie dans la vie rurale. Si, dans les campagnes florissantes de la Flandre, on voit régner l'abondance et le bien-être, c'est parce qu'en fertilisant le sol on lui donne une richesse qui conduit à multiplier les frais de culture. Le salaire du travail augmente en même temps que le revenu du cultivateur. La terre n'accorde ses faveurs qu'à celui qui l'accable de ses soins et de ses attentions. On se tromperait fort si l'on croyait que la fécondité de la Flandre et de l'Artois est inhérente à la constitution du sol ; on y rencontre, au contraire, beaucoup de terres médiocres qui ne produisent qu'à la condition de recevoir d'abondantes fumures et des cultures multipliées.

On a peine à s'expliquer comment, dans notre Picardie, la plupart des hommes qui vivent des produits du sol hésitent encore à adopter des pratiques qui sont pour nos voisins du Nord et du Pas-de-Calais une source inépuisable de richesses. La vulgarisation des principes rationnels de la science agricole triomphera seule des obstacles que l'ignorance et les préjugés opposent à l'introduction des bonnes méthodes.

CHAPITRE IV.

Culture générale du Lin.

Les uns cultivent le Lin spécialement pour la filasse, d'autres pour la filasse et pour la graine, enfin quelques-uns pour la graine seulement.

Le Lin cultivé uniquement pour sa filasse s'appelle *Lin en doux*. Sa culture convient particulièrement aux petites exploitations, à celles dont les terres ne sont pas riches, ou qui, eu égard au peu de ressources du cultivateur, ne peuvent recevoir une grande quantité d'engrais; elle demande moins de main-d'œuvre et fatigue peu les terres.

Le Lin, au contraire, dont on veut recueillir et la filasse et la graine, exige plus de travail et épuise le sol bien davantage. Sa filasse est moins fine que celle du Lin en doux; mais elle est plus forte et, par cela même, elle convient mieux à la filature mécanique. Son rendement en poids est aussi plus considérable, et la graine est un produit qui n'est pas à négliger.

Ainsi les deux cultures ont leur fort et leur faible. Que le cultivateur étudie la nature de ses terres, leur état d'engraissement et ses propres ressources avant de faire son choix; mais, à conditions égales, nous lui conseillons de donner la préférence au Lin en graine, comme étant plus productif et plus convenable pour la filature mécanique.

Quant à ne cultiver le Lin que pour la graine, nos terres sont trop chères pour qu'on puisse le faire avec avantage, et le rendement est trop faible pour qu'il puisse dédommager des frais : en effet, en admettant les conditions les plus favorables, on ne peut récolter plus de trois ou quatre fois la semence ; encore faut-il sacrifier en partie la filasse que l'on est obligé de laisser durcir pour permettre à la graine d'arriver à complète maturité, et pour éviter la dégénérescence que subissent ordinairement les graines récoltées dans notre pays.

Ce genre de culture se pratique en Russie, et c'est ainsi que se produisent la plus grande partie des graines qui nous viennent de ce pays. Mais nous nous garderons bien d'engager nos cultivateurs à entrer dans cette voie. Ce que nous en avons dit n'a eu d'autre but que de faire connaître l'altération qu'éprouvent nos graines, altération qui provient uniquement de ce que pour ménager la filasse nous ne laissons pas à la plante le temps de mûrir complétement.

Du sol et de sa préparation.

Tous les sols conviennent au Lin, pourvu qu'ils ne soient ni trop sablonneux ni trop argileux, et qu'ils soient frais et profonds : il demande de préférence une terre meuble, bien amendée et nettoyée les années précédentes ; car on ne pourrait cultiver le Lin avec profit dans un terrain médiocrement fertile, mal préparé et sali par de mauvaises cultures.

Pour disposer une terre à recevoir du Lin, il faut s'y prendre, autant que possible, dès le mois de septembre, lui donner alors un bon labour préparatoire et deux ou trois façons au binot ou à l'extirpateur.

En général, il faut que le cultivateur use de tous les moyens que lui fournit l'expérience locale pour nettoyer le sol et l'ameublir ; la charrue, la herse, le rouleau, ou des instruments analogues, seront successivement mis en œuvre pour l'assainir et le rasseoir, pour égaliser et pulvériser la surface, tout en lui donnant le tassement nécessaire au maintien d'une fraîcheur modérée pendant l'été. Si l'épaisseur de la couche labourable paraît insuffisante, il faut faire suivre la charrue qui exécute le premier labour profond par une fouilleuse dont les trois petits socs en fer de lance forment un triangle dont la base occupe toute la largeur du sillon que trace la charrue ; le sous-sol n'étant que remué par la fouilleuse, il ne peut nuire à la qualité de la couche arable avec laquelle il n'est point immédiatement mélangé. Mais on a donné ainsi aux racines du Lin la possibilité de s'enfoncer plus avant et on les a mises en contact avec une plus grande étendue de matière qui les alimente. De plus, le sol s'imprègne d'engrais, et l'épaisseur de la terre cultivable s'est accrue pour les années suivantes.

Nous le répétons, le Lin exige, pour sa culture, des terres profondes et travaillées de manière à ce que les principes nécessaires à sa nourriture se trouvent répartis jusqu'à la partie la plus profonde du sol arable, car cette plante a une racine pivotante, peu fournie en radicelles latérales. Ce n'est que par l'extrémité de sa racine que le Lin se nourrit ; dans son premier âge, il puise sa nourriture presque à la surface de la terre, mais, à mesure qu'il croît, sa racine descend, et elle finit par se trouver, selon la beauté de la tige, entre $0^{m},25$ et $0^{m},30$ de profondeur : une semence abondante, mais placée à $0^{m},10$ seulement dans le sol, laisserait ce Lin privé de nourriture et compromettrait la récolte.

Engrais.—Les fumiers faits conviennent seuls à la culture du Lin, et on les applique plusieurs mois à l'avance, dans le but d'incorporer parfaitement l'engrais avec les principes minéraux du sol. Aussi, c'est dans la seconde moitié d'octobre, ou dans les premiers jours de novembre au plus tard, que l'on met en terre les fumiers ordinaires de ferme, afin qu'ils soient bien consommés au moment des semailles. Si l'on est pris par le temps, ou si l'on n'a pas déposé en terre une quantité suffisante de fumier de ferme, on doit recourir aux engrais artificiels liquides ou pulvérulents qui peuvent être utilisés au moment même des semailles. En Flandre, on emploie les urines fermentées étendues d'eau et mélangées avec des tourteaux broyés. Les eaux ammoniacales provenant des usines à gaz, étendues de dix fois leur volume d'eau, donnent aussi de très-bons résultats. En engrais pulvérulents, la poudrette, le noir de raffinerie, le noir animalisé, le guano conviennent parfaitement, parce qu'ils peuvent être étendus très-également et que leur décomposition est uniforme. Par une exception remarquable, la marne, qui convient à presque toutes les récoltes, doit être exclue des champs où l'on sème le Lin ; elle produit une filasse de qualité inférieure dont les fabricants ne font aucun cas. La suie, répandue en trop grande proportion, a une action analogue sur les filaments du Lin, qui restent durs, privés de souplesse et de qualité. Quant au plâtre, que l'on utilise quelquefois, nous ignorons ses effets sur la valeur de la filasse.

En Angleterre, on a cherché à composer un engrais particulier ayant pour base les éléments mêmes qui constituent la plante et on a préconisé le mélange suivant :

Os pulvérisés.	24 kilog.	50	coûtant	3 fr.	75
Chlorure de potassium. .	13	61	—	2	95
Chlorure de sodium. . .	21	77	—	0	31
Plâtre cuit en poudre. .	15	44	—	0	63
Sulfate de magnésie. . .	25	40	—	4	64
	100	72	—	12 fr.	28

Il suffirait, dit-on, de répandre 100 kilogrammes de ce mélange par hectare pour être certain du succès.

Le point capital dans la culture du Lin, c'est d'obtenir des tiges droites, simples, élancées, et à peu près toutes de même grosseur; c'est pour cette raison qu'il faut choisir une terre faite, en parfait état de produire sans le secours d'une fumure immédiate; c'est-à-dire une terre dans laquelle l'engrais est consommé, réduit à l'état d'humus ou de terreau, et à peu près également réparti, parce que, si l'on donnait une fumure fraîche à la graine du Lin, on aurait une pousse inégale : ici des tiges branchues, là des tiges grêles et touffues. Or une semblable récolte serait presque sans valeur; car la qualité essentielle du Lin est que les tiges soient longues, égales et sans branches.

Place du Lin dans l'assolement. — Le Trèfle sera toujours le meilleur précédent pour le Lin, parce qu'il laisse en terre, par ses racines profondes, la valeur d'une demi-fumure : cette manière de cultiver le Lin est même la plus économique de toutes, de même que c'est presque dans tous les cas la récolte la plus lucrative que l'on puisse tirer d'un pré la première année de sa culture, pourvu que le sol ne soit, par sa nature, ni trop aride ni trop humide. Il donne alors presque toujours un produit très-abondant en filasse et en graine.

Le Lin vient également bien après les plantes sarclées, Pommes de terre ou Betteraves, que les binages d'été ont purgées des mauvaises herbes. La place la moins favorable, c'est de le mettre après les céréales; en dernier lieu, après l'Avoine. Il faut ne ramener le Lin que le plus rarement possible à la même place, tous les huit ou neuf ans au plus tôt. Si on le faisait revenir à plus courte période sur les mêmes terres, non-seulement on les épuiserait relativement au Lin, mais toutes les autres récoltes, surtout celles des céréales, ne rendraient que des pailles, sans grains. Mais, comme il n'y a rien d'absolu en agriculture, nous voyons le Lin, auquel on donne abondamment l'engrais qui lui convient, revenir avec succès à des intervalles moins éloignés.

Résumé pratique. — Nous disons aux cultivateurs qui n'ont pas encore introduit la culture du Lin dans leur exploitation et qui cependant ne demanderaient pas mieux de profiter des avantages qu'elle présente : Cette culture n'offre pas de difficultés sérieuses; conformez-vous de point en point aux règles tracées par une expérience séculaire, et vous réussirez certainement : un cultivateur intelligent qui fait préparer et fumer ses terres suivant leur nature et leur situation récoltera du bon Lin dans toute espèce de sol.

Donnez, avant l'hiver, à la terre que vous avez choisie un bon labour à toute profondeur; hersez dans tous les sens, brisez bien les mottes, unissez le mieux possible : aussitôt, après ces façons, conduisez aux champs une forte quantité de fumier fait que vous enterrez avant l'hiver, 50,000 kilogrammes par hectare; ou, ce qui vaut bien autant, employez du fumier de vache et de porc que vous laisserez passer l'hiver en couverture; il imprégnera parfaitement le sol de son jus et se décomposera suffisamment. Vers la fin de février ou au commencement de mars, faites un nouveau labour, ordinaire et par un temps sec, de manière à ne pas retourner une terre humide; laissez ensuite le sol en repos pendant vingt-quatre ou quarante-huit heures, c'est-à-dire le temps nécessaire pour que sa surface blanchisse et se sèche un peu; puis hersez en long et en large. Vers la fin de mars ou dans les premiers jours d'avril, labourez une troisième fois, hersez encore et toujours dans les deux sens, puis unissez le sol soit avec un traîneau, soit avec le dos de votre herse. Si dans ce moment vous pouvez disposer de tourteaux de Colza, de colombine, de matières fécales, délayez le tout dans de l'eau de fumier et dans l'urine de vache, et servez-vous de cet engrais liquide à raison d'un hectolitre par are pour arroser votre terre à Lin. Aussitôt l'arrosement fait, passez la herse à dents de fer sur le sol, toujours, bien entendu, en long et en large; roulez ensuite fortement et saisissez le moment propice pour semer.

Choix de la graine.

Les bons cultivateurs attachent avec raison une grande importance au choix de la semence qu'ils doivent employer; c'est, en effet, un point essentiel d'où dépend le succès de la récolte. Dans notre pays, on a l'habitude de renouveler la semence tous les deux ou trois ans, au moyen de graine tirée de Russie et connue dans le commerce sous le nom de graine de Lin de Riga, *Lin de tonne.*

Cette graine produit, dans nos climats, moins de semence, mais un Lin plus élevé et plus riche en filasse que celui qui provient de nos semences indigènes; si avec la graine de Riga on obtient du beau Lin qu'on veuille laisser mûrir dans le pays, on peut se servir de la semence avec la certitude de réussir : cette graine porte le nom d'*après-tonne.* Mais, l'année suivante, il faut revenir au Lin de Riga, car nos graines indigènes dégénèrent promptement, parce qu'on le récolte avant parfaite maturité. Bien que la graine de Lin conserve longtemps la propriété de germer, il ne faut pas en semer qui ait plus de deux années de récolte.

La graine de Russie, pour être bonne, doit être gonflée, pesante, claire, jaune-brunâtre, luisante et terminée par un petit crochet. La graine du pays, plus plate et plus large, est très-glissante et s'échappe facilement des doigts. La graine de Russie est plus rude au toucher et se retient plus facilement dans la main.

La bonne graine doit peser au moins 70 kilog. à l'hectolitre, et avoir une grosseur uniforme. Comme il y a plusieurs espèces de Lin dont les graines diffèrent sensiblement entre elles, le poids et l'égalité du grain seront une garantie contre les fraudes qui se pratiquent trop souvent dans le commerce. Une de celles-ci consiste à acheter à bas prix les fonds de greniers ou de magasins, même les purures du Lin de tonne, à prendre les barils mêmes qui ont servi au transport de graines de Russie, et à vendre ensuite le contenu comme étant de provenance étrangère.

Avec un peu d'attention on évitera facilement d'être dupe; mais il est pour le cultivateur un moyen sinon de faire disparaître entièrement, au moins de diminuer considérablement la fraude dont on cherche à le rendre victime, c'est de ne jamais revendre, mais de brûler plutôt, s'ils ne lui sont utiles, les barils ou les enveloppes qui contenaient la graine qu'il aura achetée, car ainsi il anéantira le masque dont on se sert pour le tromper.

Lorsqu'on veut s'assurer que les graines sont bonnes et lèveront bien, on en place quelques-unes dans un morceau de drap mouillé exposé à une température douce, et, au bout de vingt-quatre heures, les germes devront paraître si la graine est de bonne qualité.

Ensemencement. — Le Lin se sème depuis le commencement de mars jusqu'au 10 mai, par un beau temps et lorsque la terre a été détrempée par les pluies.

Les semis faits de bonne heure réussissent généralement mieux que les semailles tardives, car alors on évite les chances de sécheresse. Le Lin est moins délicat qu'on ne le pense : semé de bonne heure, quoiqu'il ait à subir les mauvais jours de mars et d'avril, il pousse en racine ce que la température ne lui permet pas de pousser en tige. On peut semer, en même temps que le Lin, du Trèfle, de la Luzerne, des Carottes, des Betteraves qui réussiront, surtout si, pour ces dernières, vous binez le champ après l'enlèvement du Lin, et si vous y apportez quelques engrais liquides.

Lorsque la terre a été parfaitement égalisée par un ou plusieurs hersages, qu'elle n'est ni trop sèche ni trop humide, on sème à la volée et on enterre la semence peu profondément en promenant sur le sol, et de long en large, une herse légère à dents de bois et à un seul cheval, ou même traînée par des hommes si le champ est peu étendu ; puis, deux ou trois jours après, on termine par un coup de rouleau si la terre n'est pas trop mouillée.

Il faut, par hectare, en graine de pays, 3 hectolitres, et, en graine de Russie, 2 hectolitres 1/2. Le semeur s'efforcera de répandre la semence le plus également possible, afin de ne point rayonner le champ.

Le cultivateur qui s'attache uniquement à produire de la filasse de bonne qualité sème dur et serré, de 4 à 5 hectolitres par hectare; celui qui ne tient qu'à la graine se contente de répandre 2 hectolitres 1/2 de Lin par hectare, parce qu'un semis clair donne toujours de meilleurs produits en graine qu'un semis serré, qui ne permet pas à l'air ni à la lumière de courir entre les tiges. Quand un premier semis a manqué, il faut, avant de se décider à réensemencer le même champ, s'assurer si l'insuccès résulte de la mauvaise qualité de la graine, ou s'il doit être attribué à des insectes; dans ce dernier cas, la germination ayant eu lieu, une seconde semaille aurait le même sort que la première, attendu qu'il est impossible de préserver la jeune récolte de l'attaque des insectes : ce serait certainement s'exposer à une double perte de temps et de graine. Les cultivateurs que l'expérience a instruits à cet égard substituent à la récolte détruite l'Œillette, les Fèves, ou l'Avoine.

Sarclage du Lin.

Plus la germination est prompte, plus la récolte a de chance de réussir. Or il arrive quelquefois que les vents froids ou la sécheresse arrêtent le développement de la plante; voilà pourquoi ceux qui le peuvent font bien d'épandre, sur la pièce de Lin, du fumier en couverture. En cas de sécheresse, les cultivateurs qui en ont la facilité doivent faire pratiquer quelques arrosages avec des urines ou du purin mélangés d'eau par moitié. Ils regagneront aisément cette légère dépense.

Lorsque la plante a atteint 6 à 7 centimètres de hauteur, il faut procéder au sarclage, car, quelque propre et bien entretenue que soit la terre, il est impossible d'éviter le développement d'une certaine quantité de plantes étrangères dont le moindre inconvénient serait d'absorber en pure perte une partie de l'engrais du sol destiné à la plante cultivée. De plus, si on les laissait grandir avec le Lin, dans certains cas elles l'étoufferaient ou bien elles s'y mêleraient au moment de la récolte. Il deviendrait alors très-difficile de les en séparer, ce qui nuirait beaucoup à la qualité de la filasse. Il est donc indispensable de faire sarcler au moins une fois dans les terres propres, et plutôt deux fois qu'une dans les terres imparfaitement soignées ; car la réussite du Lin dépend de la propreté du sol.

Cette opération doit se faire par un beau temps, au moyen d'un personnel nombreux, afin qu'elle soit promptement terminée, et les ouvriers doivent prendre le champ à contre-vent, pour que la plante puisse se relever plus facilement. On doit employer, de préférence, des femmes et des enfants ; il faut payer généreusement ces derniers et les encourager à bien faire par tous les moyens possibles. L'enlèvement des mauvaises herbes se fait à la main. Les plantes arrachées ne doivent pas rester sur place ; on les fait mettre en petits tas que l'on enlève, chaque soir, dans des mannes d'osier.

Une fois les sarclages terminés, il n'y a plus qu'à attendre le moment de la maturité.

La température a une grande influence sur la végétation du Lin. Il ne réussit bien que par une température douce et humide, ce que nos cultivateurs picards expriment en disant que le succès du Lin est dans les nuées. En raison des variations climatériques de la saison où il se sème, le Lin subit, dans sa végétation, des phases diverses, presque des crises qui, quelquefois, font désespérer le cultivateur de le voir venir à bien : ***Avant que le Lin soit bien établi, il fait sept fois peur à son maître***, si l'on en croit un dicton agricole. Dans les années pluvieuses il pourrit souvent sur pied ; dans les années de sécheresse il souffre beaucoup, se dessèche, ou bien les extrémités de la tige deviennent rougeâtres, la croissance s'arrête, le Lin se forme prématurément en tête, il se *cabote* et perd presque toute valeur industrielle, car alors le rouissage cesse d'avoir de l'effet sur lui.

Le Lin est quelquefois attaqué par les sauterelles, et l'on assure que ceci a lieu toutes les fois que l'on fume peu de jours avant de semer. C'est pour cela que les cultivateurs des environs de Courtray ne manquent pas de fumer les terres à Lin dès la fin de février ou au commencement de mars, cinq ou six semaines avant l'époque des semailles. Les jeunes plantations de Lin sont parfois complétement détruites au printemps par les puces de terre dont un temps sec favorise le développement. Une dissolution de sulfure de potasse, projetée sur le Lin à l'aide d'une pompe d'arrosage, mettrait peut-être un terme au ravage de ces insectes : 10 kilogr. de sulfure de potasse dans 20 hectolitres d'eau nous paraissent suffisants pour 1 hectare. Le sulfure de potasse, en fabrique, coûte 1 fr. 20 cent. le kilog. Les taupes font beaucoup de mal aux Lins par le soulèvement et le creusage de leurs galeries souterraines.

Maladies du Lin. — Le Lin est sujet à deux maladies qui occasionnent de grandes pertes. L'une d'elles, qui porte le nom de charbon, jaunit la tige à sa partie inférieure, la noircit au sommet, la dessèche et amène sa mort. Les uns prétendent qu'elle est occasionnée par les fumiers longs et frais; les autres l'attribuent aux tourteaux de Colza; quelques-uns enfin, et ce sont, je crois, les plus raisonnables, pensent que le charbon vient de ce qu'on ramène trop souvent le Lin sur le même sol. La seconde maladie, que les Flamands appellent Weiswerden, fait tomber la tête de la plante et détermine la pousse d'un nouveau bourgeon terminal vers le milieu de la tige.

Dans les terres humides et dans les voisinages de la mer, il arrive souvent que le Lin est atteint de la *rouille*, tache noire ou rousse, très-préjudiciable à la qualité de la filasse. Les tiges du Lin présentent assez souvent des taches analogues à celles qui résultent de la rouille, mais moins épaisses; ces taches proviennent du dépôt de la larve de l'insecte appelé vulgairement puce. Les champs entourés d'arbres y paraissent plus sujets que les terrains découverts.

Les cultivateurs curieux pourraient essayer de porter remède aux pièces de Lin atteintes de la jaunisse, l'expérience ayant démontré qu'il suffit d'arroser avec une légère dissolution de sulfate de fer (couperose verte) les plantes étiolées, pour en ranimer les feuilles pâles et mourantes, et leur rendre leur couleur verte et leur vigueur. Le sulfate de fer est peu coûteux et, par conséquent, à la portée de tous.

De la récolte.

L'époque de la récolte dépend du produit que l'on veut obtenir. Lorsque les feuilles commencent à jaunir sur la tige, et que les fleurs les plus tardives ont disparu, le moment est venu de procéder à l'arrachage. C'est, en général, du 15 juin au 15 août ; il est essentiel d'enlever le Lin à la terre avant la complète maturité de la graine, si l'on veut obtenir des filaments souples, nerveux, et d'une couleur riche ou lustrée ; si l'on attendait ce moment, les filaments manqueraient de force, de souplesse, et se rompraient facilement pendant le travail ; l'on n'obtiendrait enfin que de mauvais produits en fils écrus ou crémés, ou des couleurs nuancées et bariolées, si les tissus confectionnés avec ces fils passaient à la teinture. Si donc, contrairement à l'usage, vous n'avez pas vendu votre Lin aux marchands liniers qui l'achètent sur pied, vous ferez la récolte du Lin au moment où la partie inférieure de la tige commence à jaunir, et alors que les feuilles de cette partie s'en détachent et tombent; car ainsi vous pourrez tirer bon parti de cette graine, si ce n'est comme semence, du moins pour en avoir de l'huile.

On arrache le Lin à la main, on en forme de petits paquets ou faisceaux autant que possible avec des brins de même hauteur; on les place trois par trois, les têtes réunies et les pieds écartés, ou bien on les dispose en pente de chaque côté d'une ligne de petites perches posées sur des fourches basses.

Quelques cultivateurs, avant de mettre les Lins en paquets, les laissent pendant vingt-quatre heures sur le sol en javelles croisées. Cette méthode est mauvaise en ce sens qu'elle peut déterminer un commencement de rouissage irrégulier, qui, dans la suite, peut nuire au rouissage définitif. Lorsque les petits paquets de Lin ont séché à l'air libre, on bat la tête sur un billot au moyen d'un maillet de bois ou d'une batte de laveuse. On place ensuite les paquets de tiges desséchés dans un lieu sec, couvert et aéré, en attendant le moment de les porter au routoir.

Vingt-trois personnes peuvent opérer l'arrachage de 1 hectare de Lin en une seule journée.

Indiquons maintenant la manière, aussi simple que peu coûteuse, d'établir ces monticules que l'on nomme *chaînes*, et qui contribuent à bien faire sécher le Lin et mûrir la graine après l'arrachage.

« Quand le Lin est arraché et disposé sur la terre par poignées, si le temps est beau, on doit en profiter pour le mettre en chaîne. Pour commencer ce travail, un homme enfonce en terre une bêche, et contre le manche l'ouvrier appuie les premières poignées qui lui sont avancées par deux enfants de 12 à 15 ans, graine contre graine ; il continue cette espèce de haie en ajoutant de nouvelles poignées contre celles déjà en place, jusqu'à ce que cette moitié de chaîne soit terminée. Il prend alors quelques tiges de chaque côté et les lie ensemble pour fixer les dernières poignées; après quoi, il retourne à son point de départ, enlève la bêche, et termine l'autre moitié de la même manière. On confectionne ces chaînes partout de la même façon, mais de différentes longueurs, suivant les habitudes des localités; ainsi, au nord de Lille, elles contiennent rarement plus d'une cinquantaine de poignées sur une étendue de 3 mètres environ.

« Autant que possible, ce travail doit être effectué lorsque le Lin est bien sec. L'ouvrier doit aussi avoir soin de ne pas trop serrer les poignées les unes contre les autres, afin d'éviter la fermentation et d'accélérer la dessiccation.

« Le Lin reste dans cet état jusqu'au moment où il peut

être lié sans danger. Le moment propice pour le mettre en gerbes étant arrivé, l'ouvrier prend sept ou huit poignées, suivant leur grosseur, car il existe une différence notable entre celles cueillies par des hommes et celles cueillies par des femmes. Après les avoir bien secouées, afin de débarrasser la tige de ses feuilles et la racine de la poussière, il les place sur un lien fait avec de la paille de Blé ou d'Avoine. Ces gerbes, liées, ont à peu près 0^{m},90 de tour. En ce moment, le Lin est sauvé, car on le met immédiatement en *monts*, et, quoique ces monts soient d'une grande simplicité, le Lin est assez renfermé pour pouvoir, sans danger, essuyer les intempéries. Voici, du reste, comment on procède à leur confection : on plante d'abord deux fortes perches de front, à 0^{m},30 de distance; on répète la même chose à l'autre extrémité, et, si la partie de Lin est assez forte pour que ce mont prenne une grande étendue, on plante encore une perche sur la même ligne, de distance en distance, afin de consolider le bâti. Alors on place, sur le sol, de grosses bûches de bois pour servir d'appui à une espèce de gitage construit avec quelques fortes perches de sapin ou autres bois, et sur lesquelles sont tassées, sur leur côté, les gerbes de la première rangée. De cette manière le Lin se trouve à une certaine distance du sol et, par conséquent, garanti contre l'humidité. D'autres placent contre les premières perches trois gerbes de front et debout, et continuent ainsi, en suivant la ligne indiquée par les perches, jusqu'à l'autre extrémité, ayant soin de tasser les gerbes et le plus fortement possible les unes contre les autres. Sur ces trois lignes de gerbes debout qui servent de pied, on en place d'abord cinq autres rangées en travers, de manière que la première couvre entièrement la tête des gerbes déjà placées; on continue ainsi jusqu'à la cinquième, en ayant soin de ne pas mettre deux gerbes dans le même sens, c'est-à-dire graine contre graine, pour éviter la réunion des capsules, qui s'entremêlent facilement. Sur la cinquième rangée, on place une ligne de gerbes en long, sur laquelle on appuie la sixième et la dernière rangée, de manière que celle-ci se trouve inclinée en forme de toit. On doit alors y placer des paillassons, qu'on aura soin d'attacher en cas de vent. Il reste encore une précaution essentielle et qu'on néglige quelquefois, c'est de placer, de chaque côté du mont de Lin que l'on vient de construire, une grande quantité de tuteurs, afin qu'il puisse résister aux vents les plus violents. Le Lin étant ainsi rangé, on peut attendre avec sécurité que la dessiccation soit complète, et choisir le moment le plus favorable pour le renfermer définitivement dans la grange. »

Lorsque l'on a affaire à du Lin semé surtout pour ses graines, on ne l'arrache que lorsque la maturité est parfaite, c'est-à-dire lorsqu'il est bien dépouillé de ses feuilles et que ses capsules brunissent. On le met en bottes comme le précédent, on le fait sécher de même. Les graines qui se détachent avec leurs capsules et leurs pédoncules ou queues doivent être conservées dans un endroit sec et aéré et sans les tasser. Elles se conservent ainsi parfaitement, et sont les meilleures pour la semence.

Aussitôt après la récolte, il faut retourner la terre qui a porté le Lin, surtout si on la destine à recevoir du Blé.

Quelques cultivateurs considèrent le Lin comme formant une mauvaise préparation pour le Blé. Nous avons pu constater, à la vérité, dans plusieurs fermes, que du Blé venu après Lin avait donné une faible récolte, et que les grains du Froment étaient maigres. Mais ce résultat doit être attribué non à la plante textile, mais aux cultivateurs eux-mêmes. Il résulte de nos recherches comparatives que trois causes principales influent sur la céréale qui succède au Lin : 1° lorsque celui-ci a été semé tardivement ; 2° quand la terre n'a pas été suffisamment rassise par les façons préparatoires à l'emblavement ; 3° lorsque, enfin, on a ménagé l'engrais au Lin, et que l'on n'en a pas ajouté pour le Blé qui le suit.

Produit du Lin.

Le produit d'un hectare en graine est de 4 à 7 hectolitres, en gerbes ou bottes, de 550 à 700, du poids de 9 à 10 kil.; et, en filasse, de 300 à 500 bottes de 1 kilog. 500 grammes. Les frais de culture du Lin bien soigné, la location de la terre, le prix de la semence, la valeur des engrais, représentent, en moyenne, une dépense de 350 à 475 francs par hectare.

Les fermiers du Rosel, qui, depuis plus de vingt ans, sur une exploitation de 125 hectares, en consacrent annuellement 12 à 15 à la production du Lin, estiment que le *journal* (42 ares 21 centiares), semé et biné, leur revient au maximum à 200 francs; ils n'ont jamais vendu au-dessous de 300 francs le journal, prix moyen. En 1863, M. Bouthors a vendu 11 hectares 81 ares 88 centiares pour la somme de 14,000 francs. En 1864, le même fermier retirait 16,000 fr. de 12 hectares 66 ares 30 centiares; ses voisins étaient presque aussi heureux que lui. A Septenville, annexe de Rubempré, le Lin sur pied a été 1,576 fr. et même 1,611 fr. l'hectare. La culture du Lin a donc valu à ces fermiers des sommes importantes; tous ceux qui les ont imités ont de même réalisé des bénéfices considérables, et l'on peut dire en général : *Qui a Lin a fortune.*

Le cultivateur bien avisé sème annuellement le quart de sa sole de Lin en graine de tonne, de façon à avoir, pour l'année suivante, sa semence *d'après-tonne.*

En vendant le Lin sur pied, il retient la graine de la terre semée avec les tonnes, en payant aux liniers un prix convenu. En 1862, le prix était 25 francs l'hectolitre. Le cultivateur réalise donc ainsi un bénéfice qui doit figurer au produit de chaque journal de Lin.

La semence *d'après-tonne* vaut, en général, 35 à 40 fr. l'hectolitre; soit 10 à 15 francs de bénéfice au journal pour le cultivateur.

D'habiles agriculteurs de divers points de la France ont reconnu que la graine de Lin qui s'y récolte jouirait des mêmes propriétés que celle de Riga, si l'emploi, comme semence, de la graine qui a couru n'était pas systématiquement repoussé.

Le cultivateur serait ainsi affranchi du tribut qu'il paye à l'étranger ; son profit se trouverait augmenté de la différence existante entre le prix d'achat du Lin de tonne et le prix de revient de la semence qu'il produirait lui-même. Il lui suffirait, en effet, de réserver, tous les ans, un coin choisi dans ses champs de Lin, et de le laisser venir à maturité complète.

La dépréciation de la valeur industrielle de la portion de Lin ainsi réservée serait presque insignifiante. Néanmoins il faudrait toujours tenir compte du prix de revient qui, parfois, dépasserait celui de la graine de Riga.

CHAPITRE V.

Rouissage du Lin.

Le Lin une fois récolté subit diverses préparations qui en augmentent considérablement la valeur. Quoique ces opérations soient plutôt du domaine de l'industrie que de celui de l'agriculture, nous allons les décrire et indiquer au cultivateur comment il pourra, au besoin, les exécuter convenablement.

La première manipulation qui précède le rouissage du Lin est le battage ; cette opération se fait généralement à l'aide de battes d'environ 50 centimètres de longueur sur 30 de largeur, fixées à un long manche. L'ouvrier dispose les tiges sur une aire par couches de 8 à 13 centimètres d'épaisseur, et frappe, à l'aide de son outil, sur l'extrémité des tiges, qu'il retourne de temps en temps. Or il résulte de cette façon de procéder que, si l'ouvrier n'est pas suffisamment habile, il brise la matière textile en ne frappant pas juste, que les tiges perdent le parallélisme nécessaire au peignage, et qu'enfin, outre la fatigue résultant d'un semblable travail exécuté pendant toute une journée, la graine n'est pas toujours parfaitement et complétement extraite de sa capsule.

L'égreneuse, machine inventée par M. Arquembourg, constructeur au Pont-de-Metz-lez-Amiens, remédie parfaitement à ces inconvénients d'abord, et donne ensuite des résultats économiques qui lui assurent une place honorable parmi les instruments les plus utiles; son prix la rend accessible à nos liniers.

Rouissage. — Les fibres qui forment la filasse qu'on extrait du Lin sont contenues dans l'écorce de cette plante, où elles sont agglutinées par une matière gommeuse et résineuse dont il faut les débarrasser, non-seulement pour pouvoir les séparer de la paille, mais encore pour qu'elles acquièrent la souplesse nécessaire aux usages auxquels on les destine. Le moyen qu'on emploie généralement pour séparer la filasse de cette substance gommo-résineuse est la décomposition par une espèce de fermentation putride ; c'est là le but du rouissage.

Du mode de rouissage dépend souvent la bonne ou mauvaise qualité de la filasse. L'essentiel dans cette opération, c'est de conserver au Lin de bonne culture le nerf avec tout le moelleux voulu pour faire de la chaîne avec la filasse.

Si, dans la Flandre, on vend les Lins à des prix élevés, c'est que le rouissage est l'objet des soins les plus assidus de la part des riverains de la Lys.

Le rouissage doit être arrêté assez à temps pour que la fermentation n'atteigne pas les filaments, ce qui les énerverait et en même temps en diminuerait le produit à chaque travail qu'ils auraient à subir ; aussi la moindre négligence apportée pendant cette opération occasionnerait-elle une perte importante. Au contraire, si la fermentation n'a pas été suffisante pour décomposer la gomme, il peut en résulter que les filaments se détachent difficilement de la paille, et qu'ils conservent toujours quelques fragments de cette paille tellement adhérente que le peigne même ne puisse les extirper qu'imparfaitement au détriment du rendement en filasse. En outre, les filaments ont peine à se séparer les uns des autres, ce qui les fait lever par plaques, et produit une filasse rude au toucher et d'une qualité infiniment moindre que celle provenant des Lins rouis convenablement.

L'expérience seule peut apprendre le point précis où il faut arrêter l'opération.

Différents systèmes de rouissage sont mis en usage, selon les lieux, les circonstances, ou plus exactement peut-être, selon les facilités que l'on trouve pour l'exécuter; ainsi cette opération se fait soit à la rosée sur terre, soit à l'eau courante, soit à l'eau stagnante, soit enfin manufacturièrement.

Le rouissage à la rosée est incontestablement la méthode la plus lente et la plus mauvaise; il ne faut pas moins de trois à quatre semaines pour obtenir le résultat désiré. A qualité égale, le Lin roui de cette manière produit en filasse de **12** à **15** p. 0/0 de moins que par les autres procédés. Or la plupart des liniers de la Picardie n'en connaissent point d'autre; aussi ne faut-il point s'étonner si les Lins de cette contrée occupent un rang inférieur dans le classement industriel.

Voici de quelle manière se produit le rouissage sur terre :

Lorsque le Lin est égrené, on le reporte aux champs; on attend généralement, pour cela, que les Blés soient rentrés. C'est ordinairement sur les éteules que l'on opère l'étendage, qui doit être fait en couches égales et aussi minces que possible. Il est nécessaire de le retourner plusieurs fois pendant la durée de l'opération, et l'on doit se hâter de le faire aussitôt que l'on s'aperçoit que des herbes se développent au milieu même des tiges de Lin, ce qui arrive assez fréquemment dans les temps pluvieux.

Cette manipulation s'effectue au moyen de gaules ou perches longues et légères que l'on glisse à fleur de terre sous la tête du Lin, et que l'on soulève ensuite en faisant pivoter la plante sur sa racine et en la renversant de l'autre côté; c'est pour que ce travail puisse s'exécuter sans obstacle que l'on a soin de laisser un espace libre sur le bord du champ; il faut éviter d'entremêler les tiges, et conserver avec soin l'égalité des couches afin que le rouissage marche également et que tout arrive à point, à la même époque. L'étendage est généralement confié à des femmes qui reçoivent un centime à la botte. Or, si l'on apportait à cette opération tout le soin désirable, une seule ouvrière ne parviendrait guère à étendre plus de soixante bottes par jour; mais, pour gagner davantage, elle met dans le travail une grande précipitation, ce qui le rend nécessairement imparfait. Les liniers devraient donc accorder aux personnes qu'ils emploient un salaire quotidien fixe et qui leur permettrait d'être plus exigeants sur l'exécution de l'étendage.

Il faut surveiller avec soin la marche du rouissage, et, aussitôt qu'on a reconnu qu'il est suffisant, on doit relever le Lin et le planter debout en *cahots*, c'est-à-dire en petits cônes isolés et creux au centre. Dans cette position, il sèche beaucoup plus vite; en admettant qu'il restât encore humide quelques jours par suite de mauvais temps, la fermentation ne saurait se continuer. Il est donc bien important de ne pas laisser le Lin couché à terre un jour de plus qu'il n'est nécessaire, car c'est de là que dépend presque toujours la bonne ou mauvaise qualité de la filasse.

Lorsque le tout est suffisamment sec, on le remet en bottes pour l'engranger dans un endroit aéré et exempt de toute humidité.

Le rouissage à la rosée est une méthode dont les résultats sont d'autant plus incertains que sa réussite dépend en grande partie des vicissitudes atmosphériques.

Lorsqu'il pleut par intervalles, ou même qu'il fait tous les jours d'abondantes rosées, le rouissage marche bien. En rois semaines, il peut être terminé, et il en résulte une filasse de très-belle qualité; par des temps très-secs, on est obligé quelquefois de laisser le Lin étendu cinq ou six semaines, et les produits sont rarement beaux.

Rouissage a l'eau. — Pour rouir à l'eau, on place le Lin par bottes dans des *routoirs*, c'est-à-dire des fossés disposés à cet effet. La longueur et la largeur sont proportionnées à la quantité de Lin que l'on veut rouir, et la profondeur dépasse de 15 à 20 centimètres la longueur des tiges. Les bottes se placent debout, et on les maintient sous l'eau, soit à l'aide de pierres pesantes dont on les charge, soit au moyen de traverses horizontales en bois, retenues par des mortaises à de forts pieux placés de chaque côté de la fosse. Les meilleures eaux pour le rouissage sont les eaux stagnantes, mais dont la masse toutefois est renouvelée lentement au moyen d'un fort courant ayant entrée par un bout de la fosse et s'échappant par l'autre extrémité.

Lorsque le Lin a été placé sous l'eau, on doit surveiller l'opération et s'assurer si la fermentation s'établit bien également sur toute l'étendue de la fosse; dans le cas contraire, il faut démonter toute la masse pour la construire de nouveau en déplaçant les bottes.

Il est aussi difficile de déterminer à l'avance le temps nécessaire au rouissage dont le progrès dépend de la qualité des eaux, de leur renouvellement plus ou moins rapide, et de l'état de l'atmosphère. Pour agir avec certitude, il faut donc observer la marche de l'opération sur le Lin lui-même; à cet effet, on extrait de temps en temps un échantillon pris dans l'intérieur de la masse, et l'on vérifie si la filasse se sépare de la paille avec facilité; mais, si l'on n'a pas une grande habitude, il faut faire cette épreuve sur les tiges préalablement desséchées, c'est-à-dire dans les conditions mêmes du travail pour lequel on les sépare.

La séparation est, en effet, toujours plus difficile sur le Lin sec que sur le Lin mouillé. Pour faire l'épreuve, on brise la paille près de la racine, sans rompre la filasse; on ramène celle-ci vers la tête en la renversant et en dépouillant toute la tige, qu'elle doit abandonner avec facilité; elle doit, en outre, rester en ruban ; des filaments étroits et séparés seraient l'indice d'une opération trop avancée.

Aussitôt que l'on reconnaît que le rouissage est terminé, ce qui a lieu ordinairement au bout de dix ou douze jours, on fait immédiatement écouler l'eau de la fosse, et, si on le peut, on fait entrer de l'eau nouvelle pour laver les tiges, et pour les débarrasser de la vase et des matières colorantes qui y sont déposées. Autrement, on enlève le tout, on l'étend sur un pré où on le laisse exposé quelques jours à la pluie, ce qui donne le même résultat. Ensuite on plante les tiges debout en gerbes coniques, creuses au centre, pour faire sécher avec promptitude.

Le rouissage à l'eau est préférable au rouissage à la rosée; mais le choix du linier est souvent imposé par la situation de la localité qu'il habite. Cette méthode est difficilement applicable dans les lieux privés de cours d'eau ; elle exige, d'ailleurs, une grande habitude.

Le rouissage du Lin dans une eau vive et rapide s'opère très-lentement, tandis que dans une eau stagnante, ou à peu près, la fermentation s'établit vite.

Le rouissage à l'eau stagnante est une opération fort délicate, qui influe beaucoup sur les qualités de la matière première, et qui exige un tact tout particulier ; car, dans un lot de Lin partagé en deux parties pour être rouies l'une après l'autre dans la même eau, il arrivera souvent qu'une des deux parties devra séjourner dans l'eau beaucoup plus longtemps que l'autre pour acquérir le même degré de rouissage; cela provient des changements de la température. La variation est bien plus grande d'une saison à l'autre. Ainsi, en juillet, souvent il suffit de quatre à cinq jours pour obtenir un bon rouissage, quand, en octobre, il arrive que dix jours ne suffisent pas.

L'état électrique de l'atmosphère a une action telle sur le rouissage, que, s'il survient un orage au moment où l'opération approche du degré convenable, on a peine, quoiqu'en déployant la plus grande activité, à sortir le Lin de l'eau assez tôt pour arrêter l'excessive fermentation que provoque l'orage; aussi suffit-il de peu d'instants pour que le linier ait à déplorer une grande perte tant sur le produit en filasse que sur la qualité qui est amoindrie par une trop vive fermentation.

La nature des eaux a aussi une grande influence sur la valeur et la qualité de la filasse; on cite celles de la Lys et de la Loire, dans lesquelles des filaments des Lins qui y ont été rouis conservent plus de nerf que ceux des mêmes Lins rouis dans une autre eau courante.

Le rouissage dans les eaux de la Lys est tellement supérieur à tous les autres, que toutes les filatures françaises, anglaises et irlandaises, qui veulent faire des fils d'une qualité supérieure pour les batistes, les fils à coudre, ne peuvent se dispenser d'employer des Lins rouis dans la Lys.

Il y a donc, dans les eaux de la Lys, des propriétés particulières qui les rendent admirablement propres au rouissage, tandis que celles des diverses rivières de notre département ne paraissent pas pouvoir être utilisées pour cette préparation, parce que, dit-on, elles sont crues et dures. Nous ignorons si les cours d'eau de la Picardie sont, en réalité, impropres au rouissage; il serait à désirer qu'une analyse chimique exacte de l'eau de nos rivières fût faite comparativement avec celle des eaux de la Lys par des hommes compétents. Alors, connaissant les différences de compositions chimiques, il deviendrait peut-être possible de corriger nos eaux, en les faisant entrer dans des routoirs établis le long des rivières et dans lesquels on jetterait des substances capables de modifier la propriété des eaux du réservoir pour les rendre applicables au rouissage.

Il est reconnu que toute eau ferrugineuse est contraire au rouissage, qu'elle détruit la ténuité des filaments en même temps qu'elle dilate la substance gommo-résineuse qui les unit.

L'eau des routoirs est très-insalubre, elle exhale une odeur fétide, due à la décomposition des matières végétales;

l'autorité prescrit de n'établir les routoirs qu'à une certaine distance des villages.

Dans les environs de Gand, on met le Lin dans des routoirs jusqu'à ce qu'il soit à moitié roui, pour compléter son rouissage sur les champs ou sur la prairie. Ne pourrait-on imiter ce procédé en construisant hors des villages des citernes de 8 mètres carrés de superficie et 2 mètres 50 de profondeur et dans lesquelles on recueillerait les eaux pluviales devant servir plus tard à un demi-rouissage? Après l'opération, une pompe d'épuisement viderait ces routoirs.

Rouissage manufacturier. — Les inconvénients que présentent les divers procédés de rouissage que nous venons de rappeler proviennent surtout de la difficulté qu'il y a de saisir le moment précis où doit s'arrêter la fermentation. On a donc été porté à rechercher des méthodes plus sûres et plus rationnelles.

Des essais nouvellement faits semblent présager une révolution complète dans cette partie du travail du Lin. Il pourra en résulter une industrie nouvelle, intermédiaire entre le filateur et le cultivateur, qui n'aurait plus alors à livrer au rouisseur que des Lins simplement fanés et conséquemment affranchis des chances fâcheuses que leur font souvent encourir les anciens procédés du rouissage.

Si l'on parvenait à découvrir une méthode industrielle qui satisfît complétement la filature, on rendrait un immense service à nos populations agricoles; le Lin doublerait de prix ; la terre qui l'aurait produit aurait donné sur un même espace un revenu double; il y aurait, conséquemment, un accroissement général de valeurs qui profiterait à tous. Que les conseils généraux, que les comices agricoles, que les sociétés industrielles fassent étudier les différents systèmes proposés, et n'en repoussent aucun sans l'avoir expérimenté avec la plus scrupuleuse impartialité. Que ces associations instituent des primes en faveur du génie inventif qui nous dotera d'un système de rouissage manufacturier susceptible d'assimiler les Lins de Picardie presque à ceux du Nord, dont la grande différence tient principalement aux modes de rouissage.

On a imaginé jusqu'ici, dit M. L. Renard, divers systèmes de rouissage, on ne s'est encore arrêté définitivement à aucun ; mais s'en est-on bien rendu compte? c'est ce que nous n'avons pas à examiner ici; il nous suffira de citer les méthodes qui paraissent appeler un examen spécial, et qui, par les résultats économiques qu'elles permettent, sollicitent l'attention des hommes compétents : ce sont celles de M. Terwangne, de Lille; de Schinck, perfectionnées par M. Scrive, de Lille; de M. Le Fébure, dont s'est occupée la Société impériale et centrale d'agriculture de Paris; de MM. Léoni et Coblentz, de Vauquenlien (Oise); J. Dalle, de Bousbecq, près Lille : tous ces procédés manufacturiers auraient pour résultat de déterminer en quelques heures, sans aucune chance d'insalubrité, une opération qui dure ordinairement plusieurs semaines, et de laisser encore des eaux chargées de matières organiques, utilisables comme engrais; ils méritent donc, à ce double titre, un examen approfondi. La principale difficulté qui entraverait l'application de ces systèmes de rouissage naîtrait des frais de transport des Lins aux usines centrales. Le matériel des distilleries et des sucreries qui chôment de février jusqu'à septembre pourrait être employé, dans certain cas, au rouissage manufacturier.

CHAPITRE VI.

Teillage du Lin.

Le Lin qui a été roui et séché subit, selon les localités, diverses préparations qui ont pour but de séparer la filasse de la tige et de la rendre propre à être filée. Ces opérations, regardant l'industrie et non le cultivateur, constituent le teillage, qui comprend le *réchauffage*, le *maillage*, le *broyage*, le *maquage*, *écangage* ou *écouchage*, *affinage* ou *peignage*.

La série d'opérations que nous venons d'énumérer appartient à des hommes spéciaux appelés *écoucheurs* et pour qui le teillage est un métier. C'est donc à enx que le cultivateur qui n'a pas vendu sa récolte sur pied ou après le rouissage doit s'adresser pour faire préparer son Lin et pour le mettre en état d'être livré au commerce ; mais, comme ces hommes n'agissent, le plus souvent, que par routine, et qu'il existe, dans la manière de procéder de presque tous, des vices qui nuisent beaucoup à la qualité des produits qui leur sont confiés, ce sera au cultivateur à les surveiller attentivement, à exiger d'eux l'emploi des moyens que l'expérience a signalés comme les meilleurs et les plus avantageux.

Réchauffage. — Quelque sec que soit le Lin quand on le rentre dans les greniers, ou après plusieurs mois de séjour dans les granges, il ne l'est pas encore suffisamment pour que le bois ou chènevotte se rompe avec netteté, pour que la couche fibreuse se détache entièrement, et que les fibres elles-mêmes se séparent entre elles avec facilité. C'est afin de lui donner le degré de siccité nécessaire aux manipulations qu'il va subir, qu'il faut le *hâler*, le *réchauffer*, c'est-à-dire l'exposer à une chaleur qui lui enlève la plus grande partie de son eau de végétation.

On hâle le Lin au soleil en le plaçant debout contre un mur, ou le long d'une haie par un temps chaud et pur, dans un endroit sec et bien exposé ; on répète l'opération cinq ou six jours de suite, en ayant soin de rentrer le Lin chaque soir et de ne pas le laisser exposé à la rosée. Le hâlage au soleil, surtout pour les Lins qui sont déjà anciens, est le plus avantageux et le plus économique ; il donne certainement une filasse plus forte et plus douce que celle qu'on obtient par les autres procédés, et de plus il n'expose pas au danger du feu. Mais, comme il n'est pas toujours possible d'attendre les beaux jours, les écoucheurs ont adopté des moyens conduisant aux mêmes résultats.

Les uns emploient les fours à cuire le pain et y introduisent le Lin en bottes aussitôt que le pain a été enlevé ; ce mode de séchage est fort mauvais ; voici pourquoi : dans les fours à pain la chaleur est souvent trop forte d'abord, et elle détériore la fibre en altérant quelques-uns de ses principes ; de plus, l'eau qui s'en dégage, n'ayant pas d'issue, se condense de nouveau sur le Lin lorsque le four se refroidit ; les tiges redeviennent molles et flexibles, et la filasse perd une partie de son brillant et de sa force.

Presque tous les écoucheurs de la Picardie réchauffent le Lin dans les écoucheries mêmes. A cet effet, on pose une échelle en travers du foyer à 1 mètre de hauteur du sol, et sur cette échelle on étend le Lin. On allume dessous, avec de la chènevotte ou paille de Lin, un feu vif qu'on entretient avec prudence, de manière que le Lin sèche partout également et ne s'enflamme pas. L'action du feu amène nécessairement une perte de poids et de qualité sur la filasse, et a, en outre, l'inconvénient de donner au tissage une toile rude au toucher, se blanchissant mal. De plus, on est exposé à avoir du Lin enfumé et quelquefois roussi.

En Flandre, on ne réchauffe point le Lin, ce qui tient assurément au rouissage à l'eau qui rend le teillage plus facile. Les ouvriers de notre département prétendent qu'ils ne pourraient écoucher nos Lins rouis sur terre s'ils ne les réchauffaient point. Quelques essais exécutés en ma présence semblent justifier cette opinion.

Le réchauffage du Lin dans nos écoucheries est une cause fréquente d'incendies ; on les préviendrait en imitant ce qui se fait en Allemagne : une petite chambre spéciale, un peu basse et présentant une ouverture en haut pour le dégagement de l'humidité. On y range le Lin debout par petites poignées sur des étagères disposées à cet effet, et l'on chauffe à l'aide d'un poêle dont la porte est extérieure pour éviter toute chance d'incendie. On conduit d'abord son feu lentement jusqu'à ce que la température ait atteint 25 à 30° centigrades ; on la maintient à ce point pendant un certain temps et, lorsqu'on reconnaît qu'il ne se dégage plus de vapeur par en haut, on élève la température jusqu'à 40 ou 45°, et, peu de temps après, l'opération est terminée. On retire le Lin, on le laisse refroidir quelque temps et on peut le soumettre au broyage.

Broyage. — Le Lin étant suffisamment sec, on doit, pour éviter qu'il ne prenne de l'humidité, s'occuper immédiatement de séparer la filasse de la paille ou chènevotte ; pour cela, on procède d'abord au broyage.

Cependant l'ouvrier doit encore auparavant trier le Lin ; car, quelques soins que l'on ait apportés dans les diverses manipulations qu'on lui a fait subir, il y a toujours dans les bottes une certaine quantité de tiges courtes, rompues ou brouillées qui enlacent les autres, et il est important, pour faciliter le travail, de les mettre dans une position convenable ou de les séparer. On le fait au moyen d'un peigne à grosses dents, en fer ou en bois, assez écartées, sur lequel on passe les poignées. Les tiges courtes ou rompues qui restent dans le peigne ne sont pas perdues pour cela : on les réunit pour les broyer séparément.

Le broyage comprend deux opérations, le *maillage* et le *maquage;* on se sert, pour le maillage, d'une pièce en bois dur, longue de $0^m,28$, large de $0^m,13$ sur $0^m,08$ à $0^m,09$ d'épaisseur. Cette pièce est armée, en dessous et transversalement, de cannelures prismatiques à arêtes arrondies d'environ $0^m,013$, et munie, en dessus, d'un manche recourbé qui sert à la manœuvre. Pour opérer, l'ouvrier pose à terre une poignée de Lin, soit sur une large pierre, soit sur l'aire d'une grange, et, la retenant par un bout avec son pied, il frappe fortement avec le battoir sur la partie libre, en la retournant et en la secouant de temps en temps, jusqu'à ce qu'elle soit suffisamment broyée dans toutes ses parties.

L'instrument employé pour le maquage ou broyage proprement dit se nomme, dans notre pays, *maquoir* ou *broie.* Il se compose de deux pièces de bois; la première, ou mâchoire inférieure, est montée sur quatre pieds inclinés en dehors pour lui donner plus de stabilité, et est élevée d'environ 0m,70 afin qu'elle se trouve à la portée de la main de l'ouvrier qui travaille debout. Elle est longue d'environ 2 mètres sur 0m,15 à 0m,16 d'équarrissage; elle est creusée, dans presque toute sa longueur, de deux longues mortaises ayant 0m,025 à 0m,026 de largeur et qui la traversent dans toute son épaisseur. Les trois languettes que laissent ces mortaises sont taillées en couteaux non tranchants dans leur partie supérieure. La seconde pièce de bois, ou mâchoire supérieure, moins large que la première, munie d'un manche par un bout, est réunie à la partie inférieure par l'autre extrémité, à l'aide d'une cheville en fer qui les traverse toutes les deux, et fait l'office de charnière. Elle est, de plus, armée, dans toute sa longueur, de deux languettes saillantes, taillées également en couteaux arrondis et correspondant aux deux mortaises dans lesquelles elles doivent entrer librement, pour que les tiges du Lin ne soient pas pincées trop fortement.

Pour broyer, l'ouvrier saisit de la main droite, par le manche, et soulève la pièce supérieure de la broie; de la main gauche, il engage une poignée de Lin dont il a mis d'abord les pieds des tiges au même niveau, entre les deux mâchoires qu'il rapproche fortement et à plusieurs reprises, ramenant peu à peu la poignée à lui, pour que la paille soit brisée dans toutes ses parties. Il répète ce mouvement plusieurs fois, en secouant le Lin, pour faire tomber la chènevotte, et, lorsque la première partie est suffisamment broyée, il retourne la poignée, pour travailler de la même manière l'extrémité qu'il tenait dans la main.

L'ouvrier exécute cette manipulation successivement sur plusieurs poignées, et, lorsqu'il a ébauché ainsi environ un kilogramme de filasse, il fait du tout un paquet qu'il plie en deux en le tordant légèrement par le milieu; c'est ce qu'on nomme ordinairement queue de cheval, ou filasse brute.

La broie que nous avons décrite, bien qu'elle soit l'instrument le plus généralement employé, est cependant défectueuse, car elle a le grave inconvénient, surtout entre des mains inhabiles, de fatiguer les filaments, de les rompre souvent et, par suite, d'occasionner beaucoup de déchet. Au concours régional de Melun et à celui du comice agricole de Doullens, a paru une broyeuse mécanique qui semble propre à exécuter convenablement le broyage. En Flandre, les écoucheurs se contentent du maillage, qui ménage davantage la filasse.

Écouchage. —Le Lin qui a été broyé n'est pas, pour cela, débarrassé de toute sa chènevotte; il en reste encore une grande quantité qu'il s'agit d'enlever, et c'est par l'*écouchage* qu'on y arrive.

Cette manipulation s'exécute sur le *poisset*, planche longue de $1^m,50$, assemblée verticalement dans une autre planche qui lui sert de pied. A $0^m,80$ de hauteur environ, est pratiquée, sur l'un des côtés, une entaille de $0^m,12$ de profondeur et $0^m,08$ de hauteur. Une des arêtes inférieures de cette échancrure, celle du côté où frappe l'écouche, est taillée en biseau, afin que celle-ci, en tombant, ne soit pas arrêtée par le bord et ne coupe pas la filasse. L'écoucheur prend de la main gauche une poignée de Lin bien dressée qu'il tient avec fermeté, il la pose sur l'échancrure en en laissant pendre environ les deux tiers, et de la main droite, armée d'une *écangue* ou *écouche* (espèce de couperet en bois dur et mince, muni d'un manche garni, dans le haut et sur la partie extérieure, d'une lame en bois qui dépasse en avant et qui sert à donner de la force au coup), il frappe la partie du Lin qui tombe le long de la planche; il la retourne et il frappe encore, et il continue ce travail jusqu'à ce qu'elle soit entièrement débarrassée de la chènevotte, et même de l'étoupe la plus grossière.

L'écouchage est une opération importante qui exige, pour être bien faite, un ouvrier exercé. Celui-ci doit tenir fortement la poignée dans sa main, pour empêcher qu'il ne s'échappe des fils, et l'entr'ouvrir en éventail sur la planche à écanguer; il doit toucher le Lin plutôt en frottant ou en glissant qu'en frappant, et surtout éviter de laisser tomber l'écouche perpendiculairement sur la planche; autrement, il y aurait beaucoup de brins coupés et qui s'en iraient avec les étoupes.

Le manche de l'écouche doit être mi-plat, parce que, ainsi, il est moins susceptible de tourner dans la main. L'écouche flamande est munie d'une sangle qui permet à l'ouvrier de lancer à fond son instrument; la sangle aide à relever le bras, et diminue la fatigue du mouvement. L'écoucheur ne doit quitter une poignée que quand elle est complétement nettoyée; alors il la lie avec quelques brins de filasse, environ aux trois quarts de sa longueur, du côté de la tête de la plante; puis il réunit ces poignées pour en faire des *bottes* ou *pierres* de 2 kilog. chacune.

Pour qu'un teillage soit bien exécuté, il faut que la fibre du Lin soit entièrement séparée de la chènevotte, que la pointe et le pied du Lin soient bien conservés, et que, grâce à un coup bien appliqué, la filasse soit ramollie et adoucie par le coup de l'écangue ou de la machine.

Le bon écoucheur laisse glisser sur toute la longueur de la fibre son couperet de bois, et la débarrasse ainsi complétement de sa chènevotte.

Ainsi l'écouchage varie beaucoup dans son degré d'exécution d'une localité à l'autre. Un bon ouvrier, à la main, produit par jour 10 kilog. de filasse finie et bottelée.

L'exercice de leur profession n'est malheureusement pour nos écoucheurs le sujet d'aucun effort intellectuel. C'est en forgeant qu'on devient forgeron, dit le proverbe picard ; si l'on excelle, c'est à force de pratiquer; mais on est généralement routinier dans sa profession ; partant, peu de raisonnements, d'essais : on fait presque toujours ce que l'on a vu faire, comme l'on a vu faire; aussi ne voit-on se réaliser aucun progrès dans les procédés de travail appliqués aux Lins. Il en résulte que nos Lins, imparfaitement écouchés, présentent un déchet considérable à la filature, et l'on n'en peut obtenir, généralement, que de gros numéros de 8 à 16.

Le mauvais travail des Lins, dans notre département, a des conséquences fâcheuses non-seulement pour l'industrie linière, mais aussi pour notre agriculture. C'est à cause de l'imperfection du rouissage et du teillage que des Lins picards qui, à l'arrachage, sont de valeur égale au bon Lin de Flandre perdent leur qualité, et ne donnent qu'une filasse dure et grosse; tandis que, travaillés avec plus de soin, ces mêmes Lins seraient plus recherchés et payés plus cher aux cultivateurs, parce qu'on obtiendrait ainsi une filasse plus fine et plus soyeuse.

Le broyage et le teillage à la main sont seuls usités dans nos campagnes; l'introduction des machines qui remplacent avantageusement la force de l'homme rencontre, chez nous, des obstacles à peu près insurmontables dans le mauvais vouloir des ouvriers aussi bien que dans l'aveugle obstination des liniers-maîtres à se courber sous le joug de la routine. Cependant, depuis quelques années, on fait usage, dans le Vimeu et dans quelques communes de l'arrondissement de Doullens, d'une *écoucheuse* pour écanguer le Lin; construite avec une extrême simplicité et coûtant au plus de 40 à 45 fr., cette machine permet à un seul homme d'écoucher sans fatigue une *botte* ou *pierre* de Lin à l'heure, c'est-à-dire 1/5 de travail en plus qu'en écouchant à la main. En outre, la disposition et le mouvement rotatoire des écouches garantissent l'ouvrier de la poussière qu'il respire forcément dans le travail à la main. On fabrique ces écoucheuses au Quesnoy, chez M. Tuncq, et à Franleu, chez le sieur Georges Alberti.

Dans le département du Nord, on emploie des machines simples imitant avec perfection le teillage manuel flamand des ouvriers les plus capables et, dans tous les cas, d'un travail supérieur à celui de la plupart de nos écoucheurs : ces machines, sans danger pour l'ouvrier, sont d'un prix peu élevé.

Dans les contrées propres à la culture du Lin, mais où elle est encore inconnue ou mal suivie, pour tirer parti de la récolte, il faudrait créer des ateliers de teillage à la flamande. Le teillage à la main deviendrait pour les ouvriers de ces pays une source de richesse, en augmentant la masse des matières premières mises en œuvre par les filatures de Lin, et ouvrirait en même temps un débouché aux cultivateurs. Cet atelier deviendrait une école qui répandrait, dans les campagnes, de bonnes méthodes de travail ; et, à ceux qui croiront devoir employer les petites machines écoucheuses, nous leur conseillons de faire finir le travail à l'écangue.

Le prix de revient de 1 hectare de Lin est de 850 à 900 fr. dans le département du Nord ; quand le cultivateur a réussi, comme cette année, il vend son Lin sur pied de 1,200 à 1,600 fr. l'hectare, faisant ainsi un bénéfice approximatif de 500 fr. par hectare, ce qui représente, pour les 22,000 hectares cultivés cette année, un bénéfice de 11 millions pour les cultivateurs flamands.

Le rendement en Lin teillé étant, en moyenne, de 860 kilogrammes par hectare, il en résulte que le rouissage et le teillage des Lins pour les fabricants de la Lys, sur la rive française, produisent près de 5 millions de kilogrammes de filasse, se vendant, en moyenne, au prix de 2f,75 le kilogramme, et donnant ainsi, en Lin teillé, une valeur de 13 millions de francs, à laquelle il faut ajouter la valeur des déchets ou bonnes étoupes de teillage, qui, pour la plus grande partie, sont données aux ouvriers en outre du salaire. On peut estimer le rendement à 300 kilogrammes par hectare, au prix de 0f,60 le kilogramme, ce qui donne, pour les 5,500 hectares, une valeur de 990,000 fr., soit, pour la valeur totale du Lin et des déchets après teillage, 14 millions de francs.

La main-d'œuvre pour rouissage et teillage est de 0f,75 par kilogramme de Lin teillé, ce qui donne la somme de.	3,750,000 fr.,
A laquelle il faut ajouter la valeur des déchets revenant aux ouvriers.	990,000
Total de la main-d'œuvre. .	4,740,000 fr.

Soit quatre millions sept cent quarante mille francs de salaire, répartis entre environ dix mille ouvriers de tout âge.

Pas-de-Calais.

Ce département n'est pas resté en arrière de son riche voisin, et, quoique le Lin n'y atteigne pas un prix aussi élevé que dans le Nord, il n'en constitue pas moins un des produits agricoles les plus importants de l'Artois. En 1859, on y cultivait 10,199 hectares 93 ares. En 1863, le Lin sur pied s'est vendu, en moyenne, 930 fr. l'hectare. En 1862, le nombre d'hectares cultivés en Lin s'est élevé à 11,364 hectares 38 centiares.

Département de la Somme.

Notre département n'a pas attendu l'impulsion de la Flandre et de l'Artois pour étendre ses cultures de Lin ; il y a plus, tandis que la production linière restait stationnaire dans le Nord, elle progressait, dans la Somme, lentement il est vrai, mais elle progressait.

Le Lin récolté dans notre département n'en sort qu'après avoir été écouché : en hiver, un grand nombre de familles ouvrières n'ont d'autre industrie que le teillage du Lin, qui leur offre un salaire plus élevé qu'aucun autre genre de travail ; en été, les sarclages et la cueillette offrent aux femmes et aux enfants une occupation lucrative. Nos liniers sont, en général, ménagers, et, dans les villages où la population s'adonne à la culture et au travail du Lin, règne une aisance générale. Là on peut acquérir la démonstration de cette vérité : que la terre est la source la plus active de la richesse publique, et que les trois modes de production : *agriculture, industrie* et *commerce*, sont solidaires et ont une influence égale sur le bien-être général ; qu'enfin la division de la propriété est pour tous une source féconde de richesse.

Les travaux à la fois agricoles et industriels sont d'autant plus précieux qu'ils sont, pour la plupart, à la portée de tous les âges et de toutes les intelligences; qu'ils sont réguliers et sans intermittence ; qu'ils permettent au père de grouper autour de lui tous ses enfants, de conserver ainsi l'esprit de famille, l'esprit religieux, et d'élever des hommes qui seront de bons citoyens, parce que leurs mœurs seront restées plus pures que dans les grandes agglomérations.

Nos écoucheurs ne travaillent pas seulement le Lin que produit la Somme, ils en achètent ailleurs; ainsi les liniers de Fieffes, de Montrelet, de Canaples en achètent de notables quantités aux environs de Dammartin (Seine-et-Marne); ils font venir ces Lins en chemin de fer jusqu'à Amiens, puis ils les vendent en paille aux écoucheurs du pays au prix de 1f,30 les 6 kilogrammes.

ANNÉE 1862.

Arrondissement d'Amiens.

Nombre d'hectares cultivés en Lin.	663 hectares.
Quantité de graine utilisée pour l'ensemencement de 1 hectare.	3 hectol.
Produit moyen par hectare en hectolitres de graine.	11 hectol.
Prix moyen de l'hectolitre.	26 fr.
Quantité d'hectolitres nécessaires pour 1 hectolitre d'huile.. . . .	4 hectol. 50 lit.
Prix moyen de l'hectolitre d'huile.	100 fr.
Produit moyen par hectare en kilogrammes de filasse.	734 kilog.

Arrondissement d'Abbeville.

Nombre d'hectares cultivés en Lin.	3,760 hectares.
Quantité de graine usitée pour l'ensemencement de 1 hectare.	3 hectol.
Produit moyen par hectare en hectolitres de graine.	8 hectol.

Prix moyen de l'hectolitre.	26 fr.
Quantité d'hectolitres nécessaires pour 1 hectolitre d'huile. . . .	5 hectol.
Prix moyen de l'hectolitre d'huile.	103 fr.
Produit moyen par hectare en kil. filasse.	664 kilog.

Arrondissement de Péronne.

Nombre d'hectares cultivés. . . .	28 hectares.
Quantité de graine usitée pour l'ensemencement d'un hectare. . .	3 hectol.
Produit moyen par hectare en hectolitres de graine.	11 hectol.

Arrondissement de Montdidier.

Nombre d'hectares cultivés. . . .	77 hectares.
Quantité de graine usitée pour l'ensemencement par hectare. .	2 hectol. 46 lit.
Produit moyen par hectare en hectolitres de graine.	10 hectol.
Prix de l'hectolitre.	24 fr. 60 cent.
Quantité d'hectolitres nécessaires pour 1 hectolitre d'huile.	4 hectol. 90 lit.
Prix moyen de l'hectolitre d'huile.	95 fr.
Produit moyen par hectare en kil. de filasse.	512 kilog.

Arrondissement de Doullens.

Nombre d'hectares cultivés. . . .	3,674 hectares.
Quantité de graine usitée pour ensemencer 1 hectare.	2 hectol. 34 lit.
Produit moyen par hectare en hectolitres de graine.	8 hectol. 26 lit.
Prix de l'hectolitre.	25 fr. 50 cent.
Quantité d'hectolitres nécessaires pour 1 hectolitre d'huile. . . .	5 hectol. 20 lit.

Prix moyen de l'hectolitre d'huile. 103 fr. 30 cent.
Produit moyen par hectare en kil.
de la filasse. . . . . 819 kilog.

Les chiffres qui précèdent démontrent avec quelle inégalité la production du Lin se trouve répartie dans notre département ; l'arrondissement d'Amiens, sur une étendue totale de 189,968 hectares, en consacre 663 seulement à la culture du Lin ; les arrondissements de Péronne, de Montdidier, dont les plaines sont si fertiles, connaissent à peine le Lin ; dans l'arrondissement d'Abbeville, sur 156,151 hectares qui composent le territoire général, 3,760 ont porté Lin ; enfin l'arrondissement de Doullens, qui ne contient que 66,514 hectares, cultive en Lin 3,674 hectares, c'est-à-dire presque autant que l'arrondissement d'Abbeville. Dans les quatre cantons dont se compose l'arrondissement de Doullens, la culture du Lin s'est ainsi répartie en 1862 : canton d'Acheux, 570 hectares ; Bernaville, 1,291 hectares ; Domart, 932 hectares ; et Doullens, 881 hectares. En 1862, le département de la Somme a donc consacré 8,302 hectares à la culture du Lin.

L'arrachage, l'étendage et le rouissage de 1 hectare de Lin reviennent environ à 35 fr.

Le battage est payé à la botte, à raison de 0f,25 l'une, soit 2f,50 le cent ; ce prix s'élève quelquefois à 3 fr.

L'écouchage se paye habituellement à la botte de Lin écangué à raison de 0f,40.

Le transport du Lin acheté sur pied est à la charge du vendeur, qui est tenu de le conduire dans la grange du linier.

Aisne.

Canton d'Anisy-le-Château. . .	7 hectares.		
— de Chauny.	19	—	
— Coucy-le-Château. . .	101	—	27 ares.
— Crécy-sur-Terre. . . .	24	—	50 —
— la Fère.	236	—	05 —

— Marle.	10 hect.	» ares.	
— Rozoy-sur-Serre. . .	» —	50 —	
— le Catelet.	10 —	» —	
— Moy.	122 —	» —	
— Ribemont.	253 —	» —	
— Saint-Simon.	2 —	» —	
— Le Nouvion.	» —	62 —	
— Soissons.	25 —	» —	
— Sains.	12 —	» —	
— Vailly.	2 —	» —	
— Nice-sur-Aisne. . . .	45 —	70 —	
Total. .	870 hect.	64 ares.	

Oise.

Canton de Noyon.	153 hectares.
— Ribecourt.	97 —
— Ressons.	27 —
— Compiègne.	25 —
— Guiscard.	23 —
Dans tous les autres cantons réunis, les cultures de Lin ne s'étendent guère sur plus de.	50 —

En général, les Lins sont vendus sur pied à des industriels du département de l'Aisne, qui font la récolte et se chargent de toutes les manipulations.

Le prix de l'hectare en 1863 a varié de 700 à 1,000 fr.

Bretagne.

Le Lin est cultivé en Bretagne dans les quatre départements des Côtes-du-Nord, du Finistère, d'Ille-et-Vilaine et du Morbihan. Le département des Côtes-du-Nord en cultive à lui seul autant que les trois autres réunis, soit 6,531 hectares sur 12,678 des trois autres réunis, chiffre de la statistique officielle de l'année 1860. La quantité totale de filasse produite par les quatre départements est de près de 6 millions de kilogrammes. Une portion de ces Lins est expédiée sur le Nord, une autre est achetée par la filature de Landerneau et celle de Lisieux ; mais la plus grande partie est, nous le pensons, employée par le filage à la main : c'est le travail des femmes aux veillées d'hiver ; c'est, l'été, celui des jeunes filles qui gardent les troupeaux. De plus, un usage ancien veut que chaque fermier laisse filer dans l'année, à l'ouvrière qu'il engage, la quantité de Lin nécessaire pour tisser 8 mètres de toile.

On cultive aussi le Lin dans la Seine-Inférieure, la Mayenne et la Vendée.

FIN.

TABLE DES MATIÈRES.

CHAPITRE PREMIER.

CHAPITRE II.

CHAPITRE III.

CHAPITRE IV.

CHAPITRE V.

CHAPITRE VI.

Produits de la culture du Lin dans diverses contrées :

FIN DE LA TABLE.

Paris. — Imprimerie de madame veuve Bouchard-Huzard, rue de l'Éperon, 5

www.ingramcontent.com/pod-product-compliance
Ingram Content Group UK Ltd.
Pitfield, Milton Keynes, MK11 3LW, UK
UKHW020936180726
13838UKWH00002B/974

9 782329 348827